U0389656

MACHINE
LEARNING

Python

AI助力 Python编程

做与学

李金洪 主 编

韩 博 王细薇 副主编

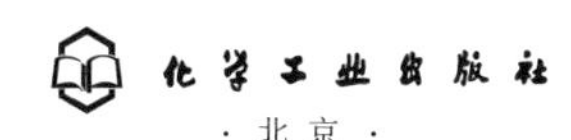

· 北 京 ·

内容简介

本书以智能时代为背景，介绍如何利用人工智能技术辅助Python的开发，更好更高效地解决实际问题。全书内容分为5章：让Python在机器上跑起来、熟悉Python语言、用Python对接API、掌握编写代码的能力、用Python程序实现人机交互。

本书以任务为驱动，并且案例都来源于生活和工作的实际场景。“做”与“学”相结合，将理论知识和实际操作呈现给读者，生动有趣地介绍了从安装Python等入门知识，到用简短代码解决各种应用场景中的大问题的技能提升。内容系统全面。

本书适合学习Python语言编程的入门读者阅读，也适合Python编程技能提升的读者使用。

图书在版编目（CIP）数据

AI助力Python编程做与学/李金洪主编；韩博，王细薇副主编. —北京：化学工业出版社，2024.4（2024.10）
ISBN 978-7-122-45152-1

Ⅰ.①A… Ⅱ.①李…②韩…③王… Ⅲ.①软件工具-程序设计 Ⅳ.①TP311.561

中国国家版本馆CIP数据核字（2024）第046382号

责任编辑：周　红　　　装帧设计：王晓宇
责任校对：杜杏然

出版发行：化学工业出版社
（北京市东城区青年湖南街13号　邮政编码100011）
印　　装：天津裕同印刷有限公司
710mm×1000mm　1/16　印张15　字数309千字
2024年10月北京第1版第2次印刷

购书咨询：010-64518888　　　售后服务：010-64518899
网　　址：http://www.cip.com.cn
凡购买本书，如有缺损质量问题，本社销售中心负责调换。

定　　价：99.00元

前 言

PREFACE

Python语言在过去几十年中发展迅速，成为如今最流行的编程语言之一。Python既易于学习，又极具扩展性。它支持面向对象编程，结合丰富的库支持，广泛应用于网络开发、数据分析、人工智能等诸多领域。

顺应人工智能和大数据的发展，本书以智能时代为背景，介绍如何利用人工智能技术辅助Python开发，不再需要过多精益求精的语法和编程技巧，只需通过修改、调试，使用智能工具来拼凑出应用程序。本书旨在帮助读者在最短时间内上手Python，并且能够迅速开发出实际应用。相信这种新的开发模式将彻底颠覆传统的开发思想。

本书注重以项目为驱动，构建了完整的案例体系。各章案例应用面广，都来源于生活和工作的实际场景。本书案例降低了学习难度，并且书中代码简洁，行数少，功能强大，读者能够快速上手。本书内容不仅有基础知识，还将人工智能技术纳入案例，拓宽读者视野。

具体特点如下。

- 丰富的案例应用，涵盖日常工作生活各个场景，从文字识别、视频下载到物流跟踪等，帮助读者快速把握Python在实际项目中的运用。
- 每个案例都有“做”和“学”两个部分，通过实实在在的案例让读者第一时间体验 Python 解决问题的力量，而后再以简洁易懂的语法讲解帮助内化知识。在这种“做”和“学”并重的章节设置中，“做”部分通过简单、通俗的代码实现功能，激发学习热情；“学”部分则结合实例讲解相关语法知识点，有利于深入理解。
- 案例代码行数短小，体现极致式表达能力。大部分案例可以仅用很少的几行代码实现，直观展示Python高效简洁的特点。这不仅可帮助读者快速上手，也培养了读者用少量代码实现功能的能力。

- 引入智能化思想，运用人工智能辅助开发，让开发效率翻倍。读者不仅可以进行传统开发，还可以通过API接入各大模型平台，无须学习复杂细致的语法知识，就可以完成开发任务。
- 每章均配有“练一练”项目，它可以帮助读者主动运用知识，巩固学习效果。督导读者思考拓展案例，助力知识应用和归纳。
- 每章结束有详细总结，回顾本章学习重点和难点。通过复盘回顾驱动读者总结本章所学内容，系统梳理知识点，提升知识掌握度。

本书适合学习Python语言编程的入门读者阅读，也适合Python编程技能提升的读者使用。

由于时间仓促，书中难免有不妥之处，望请读者批评指正！

编者

目 录
CONTENTS

导读：

为什么要学习Python

想象一个场景，你要给同事发一些文件，这些文件比较多又比较大，手头暂时没有U盘，如果你会使用Python，那么你可以在cmd命令行下，进入到需要共享的文件夹，执行命令：python -m http.server。如图0-1所示。

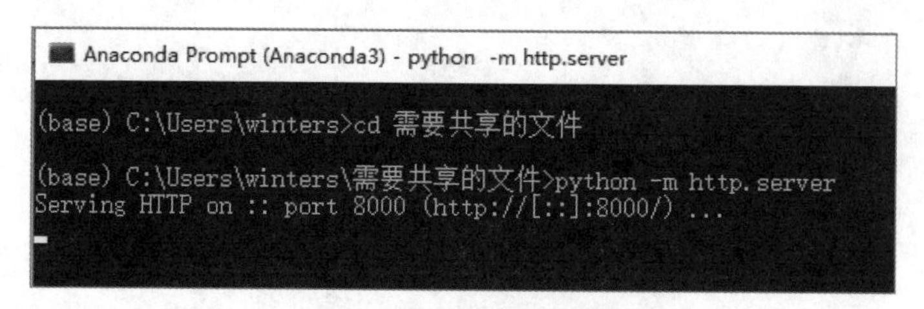

图0-1　启动HTTP服务

这时，让你的同事在浏览器中输入你的IP地址+端口号(此处是8000)，就会打开需要共享的文件夹，查看和下载文件列表了。如图0-2所示。

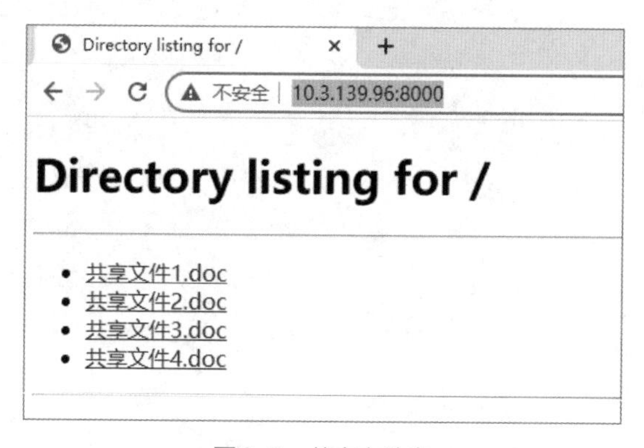

图0-2　共享文件夹

这是一种非常方便的文件传输方式。当网络服务器启动之后，只要在同一网段的设备（手机、平板、电脑等），都可以通过指定的IP和端口来访问电脑中的文件。

类似这样的例子还有好多，这些例子可以适用于我们日常工作中的各种场景。只要学好Python，就可以大大提升自己的工作效率。

第1章

让Python在机器上跑起来

本章将介绍如何在本地安装配置Python编程环境，并通过几个简单易懂的例子让读者体验Python的魅力。首先我们将安装Anaconda，了解虚环境的使用方法。然后安装开发工具Spyder，使用它编写第一个获取本机IP的小程序。最后一个FTP服务器例子让我们学习Python模块和参数的使用。通过实际操作，读者可以顺利搭建起Python开发环境。

1.1　跟我做：安装Anaconda

官网直接找不到，可以打开Anaconda的官网下的“products/individual #Downloads”路径，选择自己需要的安装包进行下载，如图1-1所示。

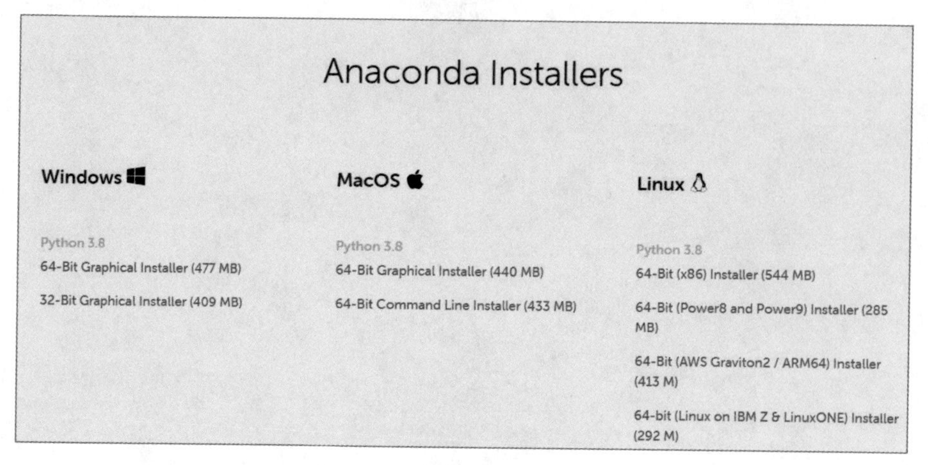

图1-1　下载Anaconda安装包

安装好Anaconda软件之后，在开始菜单会有如下内容（如图1-2所示）:

- Anaconda Navigator：Anaconda的导航功能面板
- Anaconda Powershell Prompt：支持Powershell的Python交互式界面
- Anaconda Prompt：Python交互式界面。
- Jupyter Notebook：基于网页（web）的交互式开发界面。
- Reset Spyder Settings：重置Spyder设置。
- Spyder：Python的集成开发环境（IDE）。

我们可以选择Anaconda Prompt，进入到Python的交互式界面查看Python的版本信息。如图1-2所示。

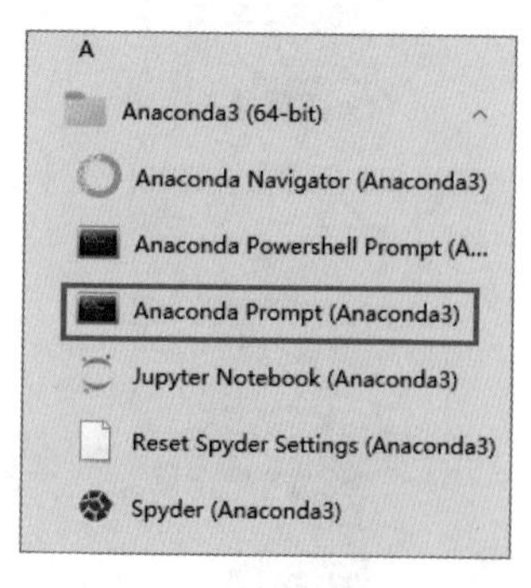

图1-2　开始菜单显示内容

可以使用下面三种方式查看当前环境的Python版本信息：

```
python -V
python -version
python交互式环境下：import sys; print(sys.version)
```

在命令行中运行时的界面如图1-3所示。

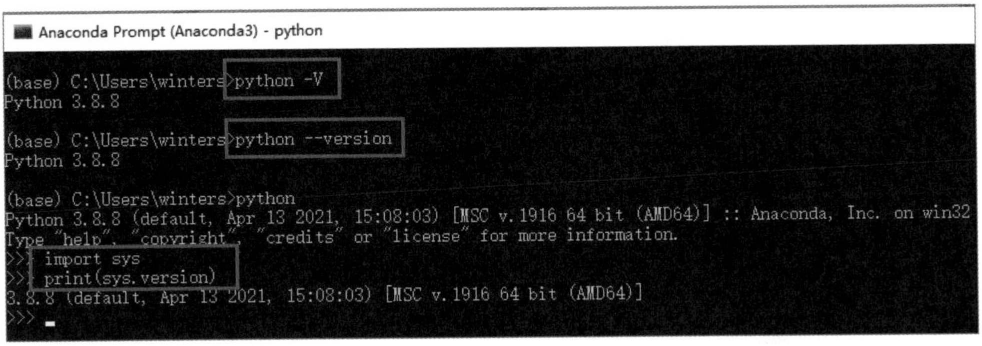

```
Anaconda Prompt (Anaconda3) - python

(base) C:\Users\winters>python -V
Python 3.8.8

(base) C:\Users\winters>python --version
Python 3.8.8

(base) C:\Users\winters>python
Python 3.8.8 (default, Apr 13 2021, 15:08:03) [MSC v.1916 64 bit (AMD64)] :: Anaconda, Inc. on win32
Type "help", "copyright", "credits" or "license" for more information.
>>> import sys
>>> print(sys.version)
3.8.8 (default, Apr 13 2021, 15:08:03) [MSC v.1916 64 bit (AMD64)]
>>>
```

图1-3　查看Python版本

1.1.1　跟我学：Python虚环境

随着Python的广泛应用，一个典型的问题逐渐凸显——不同的Python项目可能会依赖不同版本的相同包。比如项目A需要安装pandas 1.x，而项目B需要pandas 0.x。

如果直接在系统Python环境中安装不同版本的pandas，势必会导致冲突和异常。每次切换项目都需要小心翼翼地检查包版本并更新，非常麻烦。那么有没有更好的解决方案呢？

答案是：使用Python虚环境。

虚环境为每个项目创建一个相互隔离的Python运行环境。在虚环境中安装的包不会影响系统环境，不同项目的虚环境可以使用不同版本的相同包，互不干扰。使用虚环境的好处在于：

① 不同项目可以使用不同Python版本，比如项目A使用2.7，项目B使用3.6；

② 每个项目可以拥有一个“办公室”，只装该项目需要的包，不会污染全局环境；

③ 项目迁移时只需要打包虚环境，不会出现版本依赖问题；

④ 可以轻松重现生产环境，方便测试和部署。

使用虚环境后，所有的项目环境都变得清爽独立，再也不用担心环境问题了，这极大地提高了开发效率和项目质量。

1.1.2 跟我学：用Anaconda界面管理Python虚环境

创建虚环境的方法有很多种，这里以使用Anaconda创建虚环境为例。

从开始菜单打开Anaconda Navigator，选择左侧Environments，点击“Create”按钮。如图1-4所示。

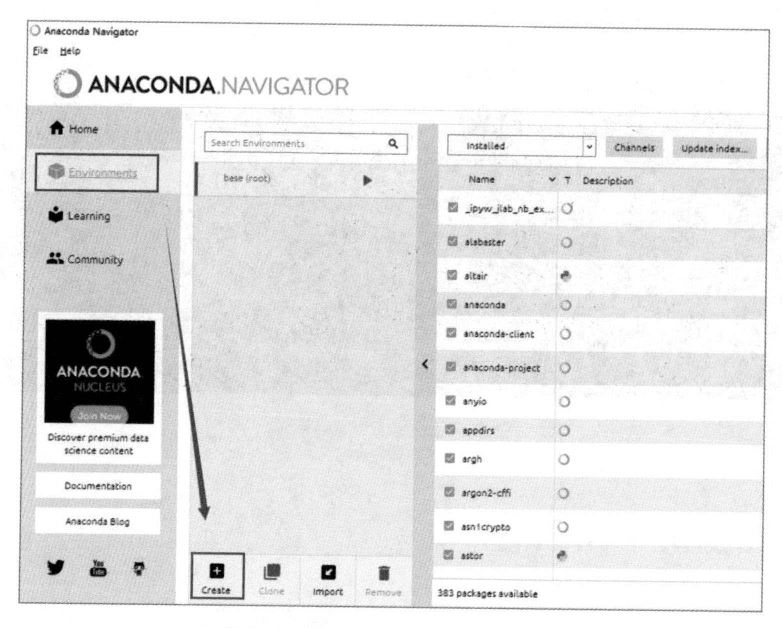

图1-4 Anaconda Navigator界面

填写虚环境的名称，这里选择创建了一个Python 3.7版本的虚环境。如图1-5所示。

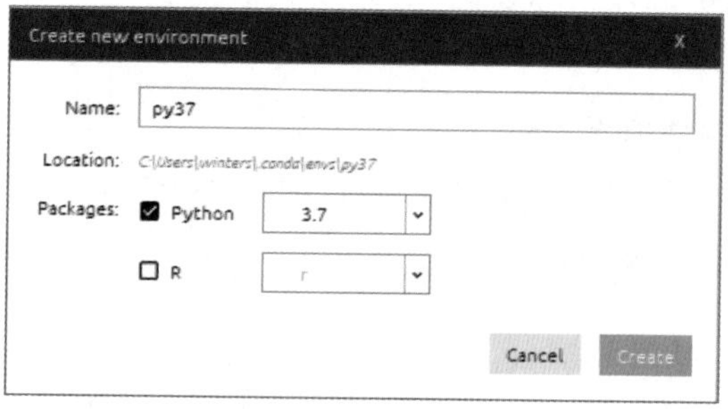

Create new environment

Name: py37

Location: C:\Users\winters\.conda\envs\py37

Packages: Python 3.7

R r

Cancel Create

图1-5 创建虚环境

我们通过以下方式可以打开新创建的Python 3.7虚环境。如图1-6所示。

Anaconda的人机交互界面非常简单易用，使用Anaconda除了可以创建、进入虚环境，还可以对虚环境进行删除、修改等管理，每个功能都有对应的操作按钮。

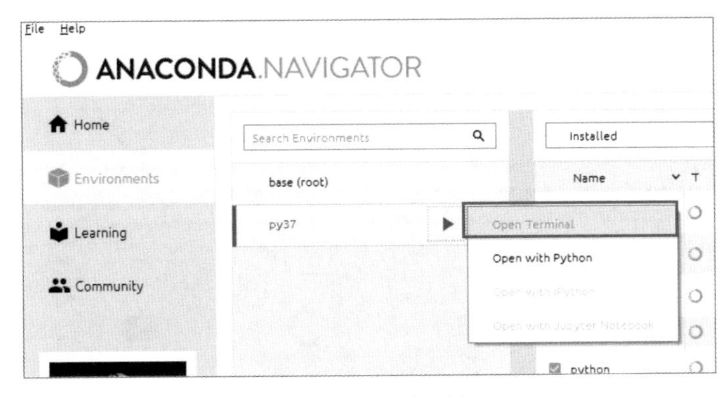

图1-6　打开虚环境

1.1.3　跟我学：用Anaconda命令行管理Python虚环境

Anaconda还提供了一组基于命令行管理虚环境的方式，使用命令行方式不需要启动界面，会使操作更加便捷一些。具体命令见表1-1。

表1-1　Anaconda下管理虚环境的命令

命令	功能
conda create –name 虚环境名 python= 版本号	创建虚环境
conda activate 虚环境名	进入虚环境
conda deactivate	退出当前虚环境
conda info --envs	查看当前系统有哪些虚环境
conda remove --name 虚环境名 --all	删除虚环境

在使用命令行模式时，最好以管理员身份来运行cmd命令，这样会免去很多因为权限问题引起的麻烦。

1.2　跟我做：安装Python开发工具

打开Anaconda Navigator，如图1-7所示，能够看到Spyder、PyCharm、VS Code、Jupyter Notebook等程序，它们都是与Python有关的开发工具。可以通过图中“Install”按钮进行安装，一旦安装成功，“Install”按钮就会变成“Launch”按钮。点击“Launch”按钮即可启动工具。

下面举例介绍图1-7中常用的Python开发工具：

- Spyder：是一款Anaconda集成的开发环境，专为科学计算和数据分析而设计，提供强大的代码编辑、调试和数据科学库集成功能。它包括交互式控

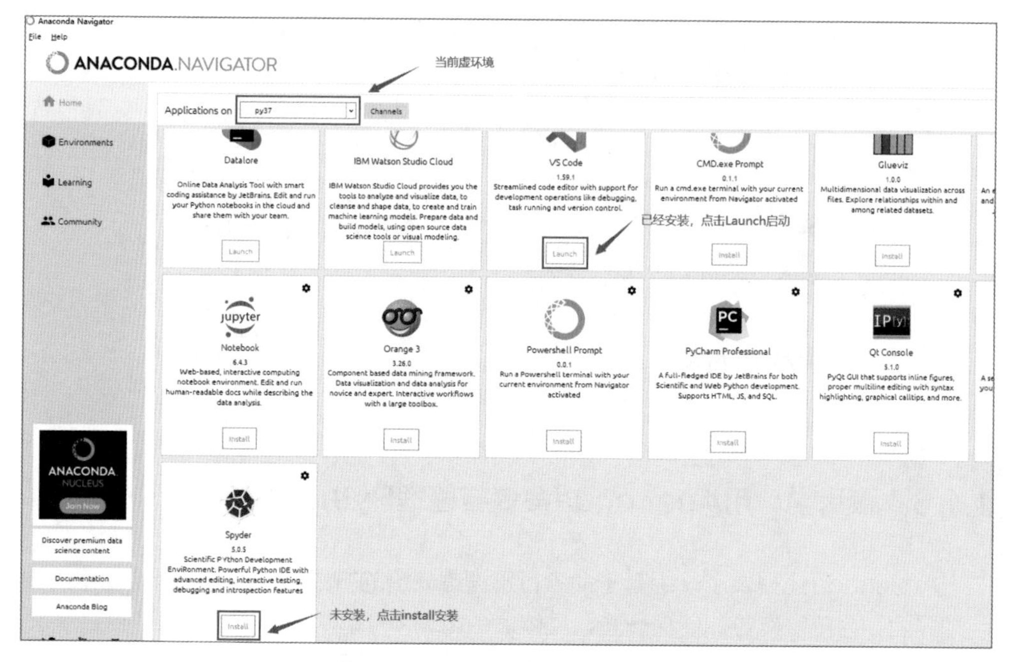

图1-7　Anaconda Navigator界面

制台、内置调试器、变量资源管理器等工具，适用于数据科学家和工程师。

- PyCharm：是一款强大的Python集成开发环境（IDE），具有智能代码补全、强大的调试器和丰富的插件生态系统，适用于Python开发的各种项目，特别是大型应用程序。
- Visual Studio Code (VS Code)：是一款轻量级、高度可定制的代码编辑器，支持多种编程语言，通过插件系统可扩展成全功能IDE，广泛用于Python和其他语言的开发。
- Jupyter Notebook：是一个交互式的数据科学工具，允许用户以文档方式编写和运行代码，适用于数据分析、可视化和机器学习任务，提供易于分享和展示的Notebook文件。

1.3　跟我做：一行命令创建FTP服务器，并共享电脑文件

在前面的导读内容中，使用一行命令创建了一个web服务器。它是以http协议传输文件的。这里再介绍一种一行命令实现创建FTP服务器的方式。FTP服务器是使用FTP协议进行文件传输的。FTP协议是一种专门的文件传输协议，用户可以通过FTP服务器将文件上传或下载到本地。

具体做法分为如下4步。

（1）安装模块文件

在命令行里使用如下两个命令（任意一个即可），完成第三方模块pyftpdlib的安装：

```
pip install pyftpdlib
```

或

```
conda install -c conda-forge pyftpdlib
```

（2）进入共享目录

新建一个文件夹（例如：D:\own），作为共享目录，打开命令行窗口，使用cd命令进入该目录，如图1-8所示。

图1-8 进入共享目录

（3）启动命令，创建FTP服务器

在命令行里输入如下命令，启动FTP服务器：

```
python -m pyftpdlib
```

启动后的显示如图1-9所示。

```
(py311) D:\own>python -m pyftpdlib
[I 2023-10-07 12:05:53] concurrency model: async
[I 2023-10-07 12:05:53] masquerade (NAT) address: None
[I 2023-10-07 12:05:53] passive ports: None
[I 2023-10-07 12:05:53] >>> starting FTP server on 0.0.0.0:2121, pid=24104 <<<
```

图1-9 启动FTP服务器

（4）验证服务器

在电脑上打开一个文件夹，在地址栏中输入“ftp://127.0.0.1:2121”，便可以看到本地的FTP服务器中的内容了。如图1-10所示。

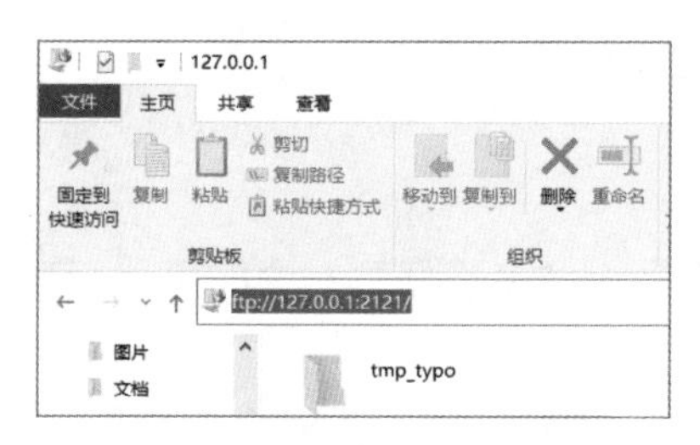

图1-10　客户端访问FTP服务器

FTP服务器有两种模式，当前启动的是主动模式，在Windows的系统上默认是关闭主动模式的，需要通过修改设置打开FTP客户端的主动模式才可以访问。

1.3.1　跟我学：主动模式下连接FTP服务器的方法

在Windows系统或其他ftp工具中，大多默认为被动方式连接ftp。所以如果ftp是以主动方式建立，则需要手动修改配置，使用被动FTP或使用WinSCP工具。具体做法如下。

（1）修改配置为被动FTP

在Win10机器上控制面板输入Internet选项，高级选项卡中找到“用于防火墙和DSL调制解调器的兼容”选项，将其复选框中的勾去掉，点击“确定”即可(如图1-11所示)。

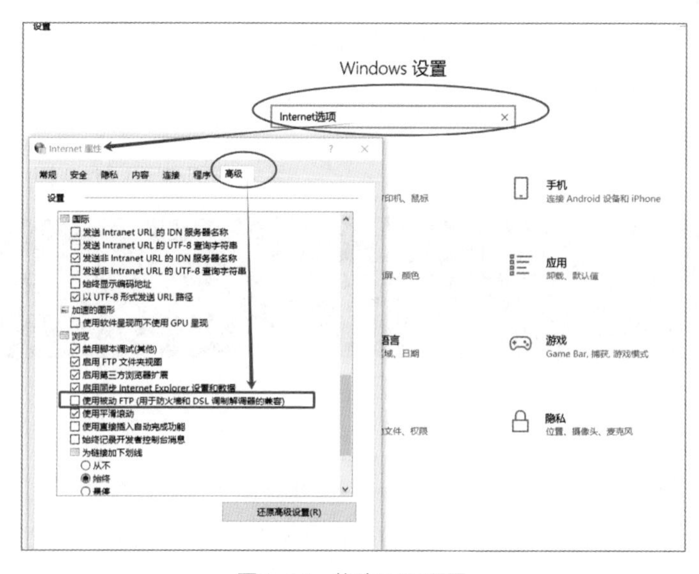

图1-11　修改FTP配置

接着打开一个文件夹，输入“ftp://127.0.0.1”便可以访问共享文件夹了。

（2）使用WinSCP工具

除了上面的方法，还可以使用WinSCP工具（如图1-12所示，需要单独下载安装），按照如下方式配置即可，如图1-13所示。

图1-12　WinSCP工具

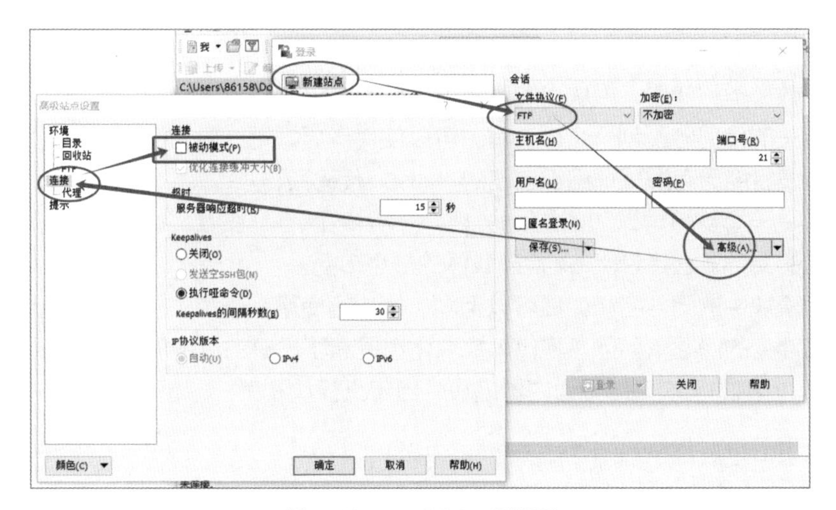

图1-13　WinSCP工具设置

提示

使用pyftpdlib模块在命令行模式下创建FTP服务器时，默认的参数IP为127.0.0.1，端口为2121，这些参数并不是固定的，还可以通过添加参数的方式对参数进行修改。具体如下：

-i 指定IP地址（默认为本机的IP地址）；

-p 指定端口（默认为2121）；

-w 写权限（默认为只读）；

-d 指定目录（默认为当前目录）；

-u 指定用户名登录；

-P 设置登录密码；

pyftpdlib是一个功能强大的模块，如果想实现ftp的被动模式，则需要通过编写代码才能实现。

1.3.2　跟我学：了解Python命令后面的参数

在执行创建FTP服务器的命令时，输入的Python后面跟一个“-m”参数，该参数表明使用默认的Python安装路径中的模块进行执行。

因为pyftpdlib程序已经被安装在Python默认的安装包中，并不在D:\own，所以如果在D:\own执行命令时，没有输入“-m”参数，系统会提示找不到pyftpdlib库。只有加上“-m”参数后，系统才会去默认的Python安装路径中找pyftpdlib库，并去执行它。

1.3.3　跟我学：什么是模块

Python模块（Module）包含了Python对象定义和Python语句。在模块里可以定义函数、类和变量。模块也能包含可执行的代码。

把相关的代码分配到一个模块里，可以使代码更好用，更易懂。养成使用模块的习惯，开发者能更有逻辑地组织自己的Python代码段。

模块是一个支持导入功能的，以.py、.pyc、.pyo、.pyd、.so、.dll 这样的扩展名为结尾的文件。它是Python代码载体的最小单元。

不同模块中的函数名和变量可以相同。模块的使用，避免了庞大代码量中函数名和变量名冲突的问题。另外，将代码模块化也提高了代码的可维护性与重用性。

Python中的模块可以分为内置模块、自定义模块和第三方模块三类。

- 内置模块：Python中本来就有的模块；
- 自定义模块：自己开发的模块；
- 第三方模块：需要单独下载、安装并导入的模块。

py是源文件，pyc是源文件编译后的文件，pyo是源文件优化编译后的文件，pyd是其他语言写的Python模块，so是Linux系统下的动态链接库，dll是Windows系统下的动态链接库。

严格来说，Python并非完全是解释性语言。在运行时，系统会先把Python源码编译成pyc或pyo文件，然后由Python虚拟机执行。当然也可以手动将Python源码编译成pyc或pyo文件。例如，使用如下代码生成pyc文件：

```
import py_compile
py_compile.compile('Python源文件.py')   #生成pyc文件
```

或在命令行下输入如下代码生成pyo文件：

```
python -O -m py_compile 'Python源码文件.py'
```

1.3.4　跟我学：第三方模块的安装方法

安装第三方模块常用的方法有三种：conda命令、pip命令和界面操作。具体安装方法如下。

（1）conda命令的安装方法

conda命令具体见表1-2。

表1-2　conda命令

命令	描述
conda install 模块名	安装package_name模块
conda uninstall 模块名	卸载package_name模块
conda update 模块名	更新模块
conda list	列出当前所有模块
conda -V 或 conda version	查看当前版本

（2）pip命令的安装方法

conda命令与pip命令非常相似，具体见表1-3。

表1-3　pip命令

命令	描述
pip install 模块名	安装package_name模块
pip uninstall 模块名	卸载package_name模块
pip show 模块名	查看模块名
pip install –upgrade 模块名	更新模块
pip list	列出当前所有模块
pip -V	查看当前版本

在一些开源代码中，常会看到requirements.txt文件，这个文件里放置了当前项目所用到的所有第三方模块，可以使用“pip install -r requirements.txt”命令一次全部安装。该部分内容在后文3.5.5节中还会详细介绍。

（3）使用界面进行安装的方法

打开Anaconda Navigator，如图1-14所示，选择好虚环境后，就可以对其下的第三方模块进行管理。

图1-14中，右上角框内的“installed”代表查看当前已经安装的模块。

如果想要安装新的模块（以安装aiohttp为例），可以先选择要安装模块的虚环境，在右侧上面选择“Not installed”，查找目标，然后点击右下角的“Apply”按钮，等待安装结束。如图1-15所示。

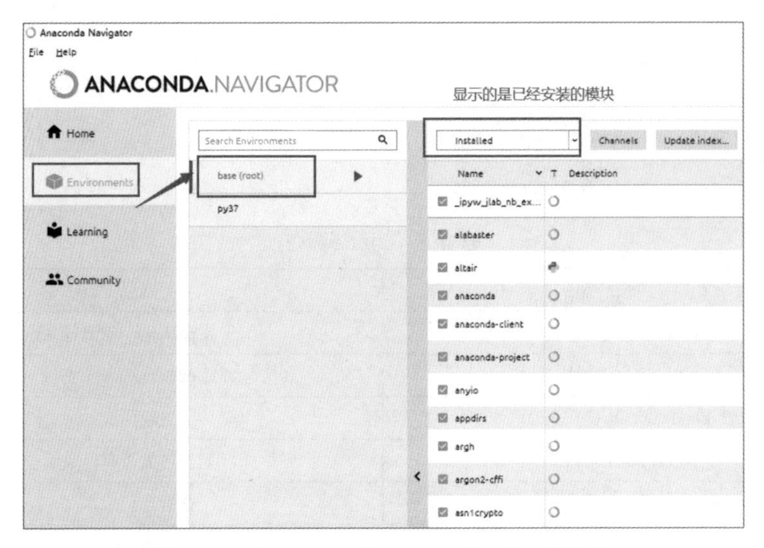

图1-14　Anaconda Navigator查看已安装模块

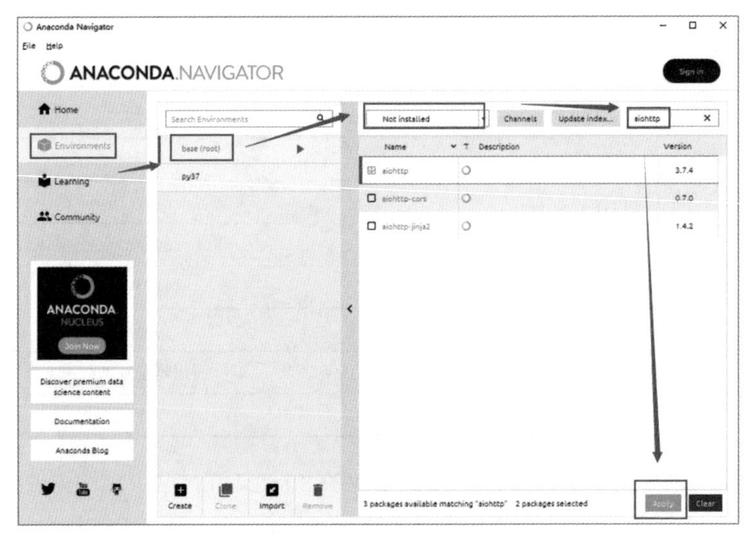

图1-15　界面安装模块

1.3.5　跟我做：为Anaconda添加国内镜像

在使用Python安装模块时，有时会因为网络的原因导致安装缓慢。通过为Anaconda添加国内镜像的方法可以提高Python环境中安装模块的速度。

这里介绍两个添加镜像的方法，具体做法如下。

（1）为conda添加镜像

可以为conda添加国内镜像源。一般常用的是添加清华大学的镜像源。具体做法如下：

① 使用conda config--show-sources命令查看源；

② 使用conda config--add channels命令添加镜像源。

完整实例请扫码查看：

添加清华大学镜像源

添加完也可以使用conda info命令，查看conda所有的信息。

若要删除镜像源，可以使用如下命令：

```
conda config --remove channels 镜像源
```

（2）为pip添加镜像

除了使用conda来安装Python工具包，还可以使用pip来安装工具包，通过为pip添加国内镜像也可以缩短使用pip安装工具包的时间。

① 建立pip配置文件。

在Windows下，pip配置文件为用户目录下的pip文件夹（例如：C:\Users\xx\pip）；在linux下,pip配置文件为~/.pip/pip.conf。如果本机没有，则需要重新创建一个。

② 添加内容。

在Windows下，直接在配置文件中添加镜像链接即可；在linux中，需要修改配置文件中index-url至tuna间的内容（如果没有index-url，则直接添加）。添加的内容如下：

```
 [global]
index-url = 镜像源
```

1.4　跟我做：在Spyder中编写代码，获取本机IP

这一节，将逐步深入，通过一个简单的获取本机IP例子，来介绍Spyder的使用。具体步骤如下。

（1）新建文件

打开Spyder之后，单击“新建文件”按钮，创建一个文件，如图1-16所示。

图1-16　新建文件

（2）编写代码

单击“新建文件”按钮，在其中编写如下代码。

```
1  import sys, socket                                              #导入sys和socket模块
2  print ('参数个数为:', len(sys.argv), '个参数。')                 #输出参数的个数
3  print ('参数列表:', str(sys.argv))                               #输出参数的内容
4  myname = socket.getfqdn(socket.gethostname(  ))                  #获取本机电脑名
5  myaddr = socket.gethostbyname(myname)                            #获取本机IP
6  print ('本机名称及IP为:',myname,myaddr)
7
```

第1行代码是引入sys和socket模块。在程序执行时，系统将启动参数传递给sys模块下的argv变量；而socket模块则是用于获取本机名称和IP地址使用。

第2行代码是使用len函数来计算启动参数sys.argv的长度，并通过print()函数将其输出到屏幕上。

第3行代码是使用str函数将启动参数sys.argv转化为字符串，并输出到屏幕上。

第4行及之后的代码是获取本机的机器名称与IP地址，并输出到屏幕上。

（3）运行程序

代码编写好之后，直接就可以运行了。

① 单击图1-17中箭头所指的按钮。

图1-17　启动按钮

② 系统会提示是否要保存文件，这里将代码文件保存到本地硬盘（本例中保存的文件及路径为：G:/共享文件夹/2-1命令行参数.py）。

③ 保存结束后，程序便开始运行。将在输出栏输出结果，如图1-18所示。

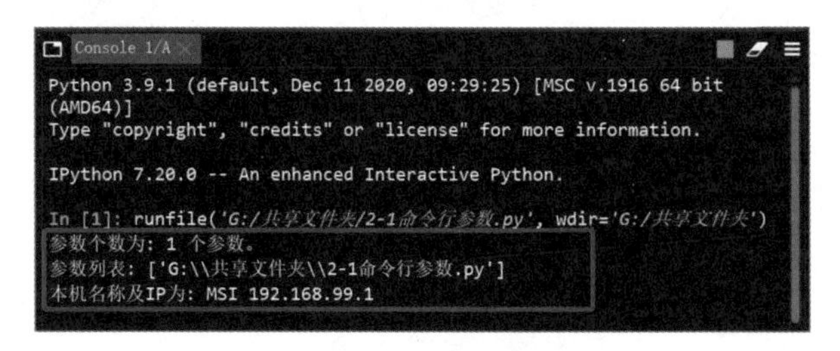

图1-18　输出结果

图1-18中输出的内容为程序运行的结果。可以看到，默认的Python程序是有一个参数的。该参数的内容就是运行文件本身，即“G:/共享文件夹/2-1命令行参数.py”（这是作者演示的代码文件）。

1.4.1　跟我学：快速了解Spyder运行功能

图1-19中，标注“1”的按钮为“运行”按钮，用于运行当前工作区内的Python文件。标注“2”的按钮为“运行设置”按钮，单击该按钮会弹出“Run configuration per file”窗口，在其中可以设置输入启动程序的参数。

在Spyder中点击标注“1”的按钮运行程序时，待程序执行完后，系统并没有关闭进程，即所执行程序中的变量在内存中仍然有效，开发人员仍然使用内存中的变量继续编码。这种方式可以实现边开发边调试的功能，大大提升开发效率。

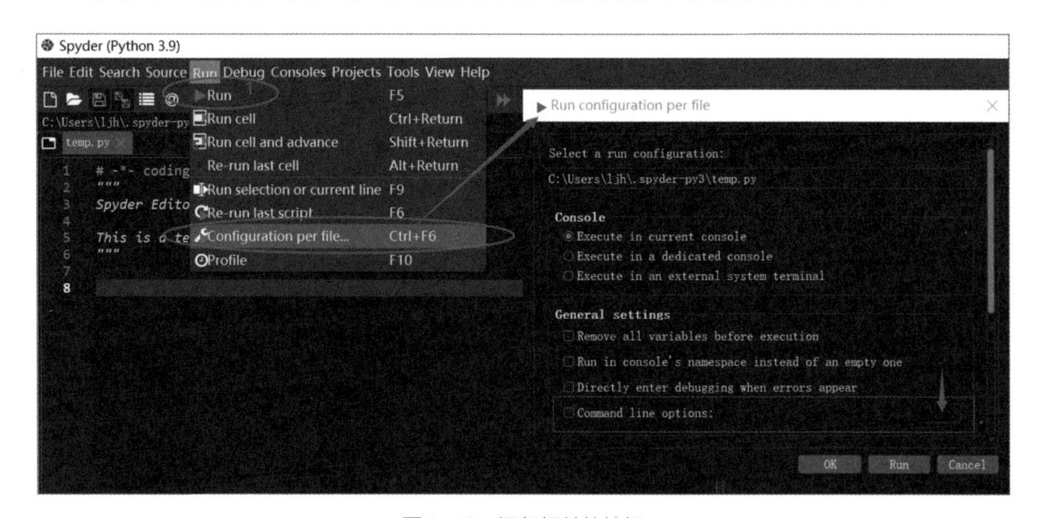

图1-19　运行相关的按钮

程序运行后，如果不想保留内存中的变量，可以直接关闭当前控制台即可。如图1-20所示，关闭后，系统还会重新创建一个没有变量驻留的控制台。

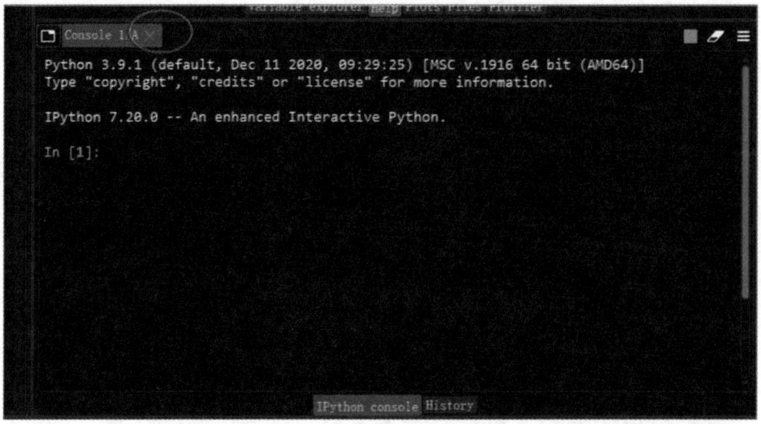

图1-20　关闭当前控制台

如果开发人员不需要每次都将程序变量驻留到内存中的功能，还可以在图1-19的“Run configuration per file”窗口中，点选“General settings”下的“Remove all variables before execution”选项。

1.4.2　使用Python的“帮助”

在Python中使用help命令来获取帮助信息。它可以查找关于Python的基础函数、类型、常用模块等信息。例如在图1-20窗口中输入如下命令：

```
help(print)                 #显示print()函数的帮助信息
```

输出如下信息：

```
Help on built-in function print in module builtins:
print(*args, sep=' ', end='\n', file=None, flush=False)
   Prints the values to a stream, or to sys.stdout by default.
   sep
    string inserted between values, default a space.
   end
    string appended after the last value, default a newline.
   file
    a file-like object (stream); defaults to the current sys.stdout.
   flush
    whether to forcibly flush the stream.
```

输出的信息中，描述了print()函数的说明、定义、参数的意义。开发者拿到这个信息，就可以按照参数的说明来使用该函数了。

1.4.3 跟我做：用命令行启动Python程序，并传入参数

编写好代码之后，就可以传入参数将其启动了。

先来演示用命令行运行Python程序的方法：

① 单击“开始”按钮，输入“cmd”后按Enter键，如图1-21所示。

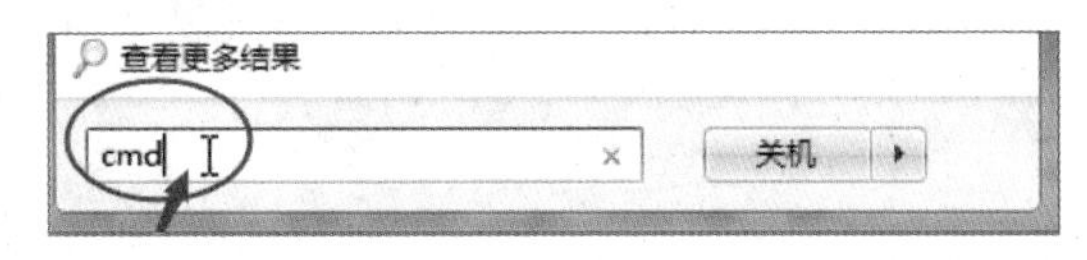

图1-21 启动命令行

② 屏幕会弹出一个黑框的窗口，在窗口中输入如下命令：

```
(py39) C:\Users\Administrator>G:
(py39) G:\> cd 共享文件夹
(py39) G:\共享文件夹> python "2-1命令行参数.py" arg1 arg2
```

前两行的意思是来到代码文件所在的目录，最后一行是使用Python命令启动程序文件，并传入两个参数arg1、arg2。

③ 按Enter键后显示如下结果：

```
参数个数为: 3 个参数。
参数列表: ['2-1命令行参数.py', 'arg1', 'arg2']
本机名称及IP为: MSI 192.168.99.1
```

这是程序的输出结果：第一行为参数的个数，第二行为参数的内容。

1.4.4 跟我做：用Spyder启动Python程序，并传入参数

下面演示在Spyder中运行Python程序：

① 在图1-19中，单击标注为“2”的按钮。单击“启动”按钮。

② 弹出如图1-22所示对话框，在其中勾选图1-22所示复选框并填入参数。单击“OK”按钮。

③ 单击图1-17中箭头所指的按钮，启动程序。

这时在输出窗口就会看到参数结果的显示：

```
参数个数为: 3 个参数。
参数列表: ['G:/共享文件夹/2-1命令行参数.py', 'arg1', 'arg2']
```

通过这个例子能够更好地掌握Spyder的基本使用方法。当需要传入参数时，按照本案例的方法配置一下参数即可。

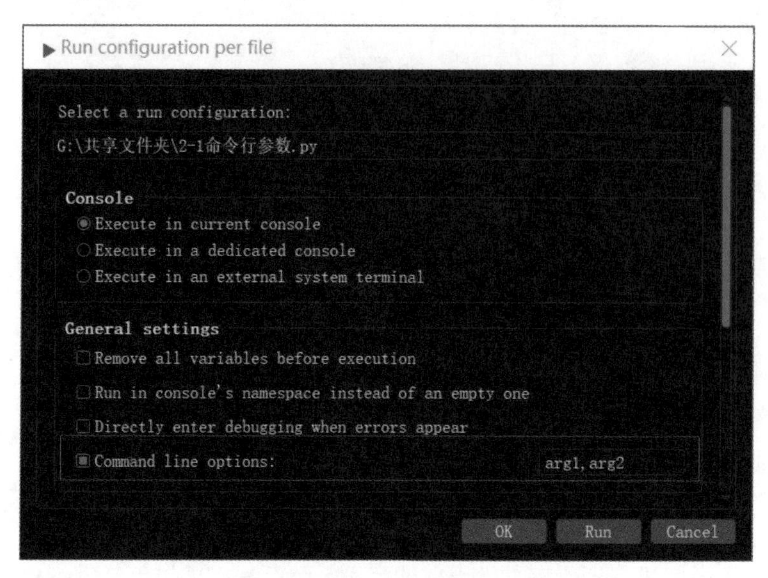

图1-22　输入参数

1.4.5　练一练：完成一个被动模式的FTP服务器

在掌握编程工具的使用之后，可以试着做一个支持被动模式的FTP服务器了。在Spyder里，编写如下代码，并运行一下，尝试创建一个自己的FTP服务器吧

```
1  from pyftpdlib.authorizers import DummyAuthorizer
2  from pyftpdlib.handlers import FTPHandler
3  from pyftpdlib.servers import FTPServer
4
5  import socket
6  r = socket.gethostbyname(socket.gethostname())
7  print("本机ip:",r)
8
9  authorizer = DummyAuthorizer()
10 authorizer.add_user("user", "12345", "/home/bridge", perm="elradfmwMT")
11 authorizer.add_anonymous("/home/nobody")
12
13 handler = FTPHandler
14 handler.authorizer = authorizer
15
16 handler.passive_ports = range(10000, 10005)   # 被动模式 服务端要配置打开[10000,10005)区间的端口。
17 server = FTPServer(('', 2121), handler)       # 控制端口用2121, 非默认21
18 server.serve_forever()
19
```

上面代码中主要是对handler.passive_ports属性进行了设置。如果不设置handler.passive_ports，则生成的FTP服务器还是主动模式。

1.5　总结

本章全面介绍了Python 开发环境的安装配置，以及编写和运行第一个Python程序的整个流程。首先安装Anaconda，理解和操作虚环境；然后学习开发工具Spyder的使用；通过FTP服务器例子，初步了解Python模块和参数的用法。这为以后的开发奠定了坚实的基础。后续章节会逐步涉及Python关键语法知识和常见开发范型，帮助读者全面掌握Python编程能力。

第2章

熟悉Python语言

本章会带领读者完成一系列案例，初步了解和掌握Python的常见基本语法知识。通过“做”和“学”相结合的学习模式，让读者用尽可能简单的代码实现各种功能，同时学习相关语法细节。本章覆盖列表、字符串、模块导入、条件循环、类等基础概念，是掌握Python语法的基础章节。

2.1 跟我做：2行代码将汉字转成拼音，帮小学生复习生字

帮小学生复习生字，往往都需要家长一字、一字地读，孩子一字、一字地写，这是个很耗时间的事情。可以借助Python，将要复习的生字转成拼音，再打印出来，这样让孩子可以直接在纸上根据拼音复习生字了。

具体做起来也比较简单，只需两步：

（1）使用pip导入pypinyin模块

具体命令如下：

```
pip install pypinyin
```

（2）导入并调用模块

使用pypinyin模块可以将汉字转为拼音，具体代码如下：

```
1  from pypinyin  import  lazy_pinyin,Style
2  print(lazy_pinyin('代码医生', style=Style.TONE))            # 输出拼音
```

代码运行后，就可以输出生字的拼音了：

```
['dài', 'mǎ', 'yī', 'shēng']
```

程序所输出的结果是列表类型。下节将详细展开。

2.1.1 跟我学：快速掌握列表类型

list（列表）是Python中使用最频繁的数据类型。它是一个有序集合，与字符串一样，都属于“序列”类型。

list的描述方法是将其内部元素使用中括号括起来，元素之间使用逗号进行分隔。

需要注意的是，列表中每个元素的类型可以互不相同，并且可以嵌套使用。

list的内置方法见表2-1。

表2-1 list（列表）的内置方法

list（列表）的内置函数	描述
list.append(x)	在尾部增加一个元素，等价于a[len(a):] = [x]
list.extend(L)	将给定的列表B中的元素接到当前列表a后面，等价于 a[len(a):] = B
list.insert(i, x)	在给定的索引位置i前插入项。a.insert(len(a), x) 等价于 “a.append(x)”，表示在尾部插入x；如果要在头部插入x，可以使用a.insert(0, x)
list.index(x)	返回列表中第一个值为 x 的项的索引。如果没有匹配的项，则产生一个错误
list.remove(x)	删除列表中第一个值为 x 的元素。当list中没有x时会报错
list.pop(i)	将指定元素弹出的意思。“弹出”是指返回列表中指定索引i 的元素，并在列表中删除它 也可以不指定索引。例如：a.pop()，表示弹出最后一个元素
list.clear()	删除列表中的所有项，相当于del a[:]
del list[i 或切片]	删除变量或是删除列表中指定索引i的元素，也可以删除列表中指定的切片。当删除列表中指定索引i的元素时，等价于a.remove(a[i])或a.__delitem__(i)，但效率相对较慢 del关键字还可以实现清空列表，例如：del list[:]为清空列表的所有元素，等同于list.clear()
list.count(x)	返回列表中x出现的次数
list.sort()	列表排序操作
list.reverse()	逆序操作，等价于a[::-1]

另外，Python中还有一个list（列表）的只读版类型，叫做元组。它与list（列表）非常类似，两者的不同之处在于，元组的元素不能修改。

元组的描述方法是：内部元素使用小括号括起来，元素之间使用逗号来分隔。例如：

```
('dài', 'mǎ', 'yī', 'shēng')
```

2.1.2 跟我学：活用print语法与字符串

在汉字转拼音的例子代码中，用到了print()函数。print()函数是用来将指定的内容以字符串的形式输出到屏幕上，属于屏幕I/O方式的一种。

字符串是Python语言里的一个数据类型，它大体可以分为两类：

- 单行字符串：使用单引号（''）、双引号（""）来表示。

- 多行字符块：也叫多行字符串，用三个（双或单）引号来表示，如："""xxx """。

另外，还有与print()对应的输入函数input()，它的作用是将键盘的按键信息输入到系统。关于屏幕I/O方式的使用，不仅仅涉及函数本身的参数，还有字符串格式化方面的知识。

（1）屏幕输出函数print()

print()语句的参数如下：

```
print([object, ……][, sep = ' '][, end = 'endline_character_here'][,
file = redirect_to_here])
```

方括号内是可选的，具体参数说明如下。

- object：要输出的内容。
- sep：分隔符。
- end：结束符。
- file：重定向文件（默认值为屏幕输出）。

通过调整print()函数中字符串的格式，可以控制屏幕上输出字符串的样子。这个调整的过程就叫作字符串的格式化。

字符串格式化常在print()函数中使用。在编程过程中，还会有很多场景需要用到字符串格式化，如从屏幕输入，将字符串写入文件等。

字符串格式化的方法有以下两种。

① 手动拼接：就是简单地用加号将不同的字符串连接起来。

② 使用占位符的方法：这个方法相对比较高级，应用也比较广泛。主要是先制定一个模板（这个模板就是规定好的格式），在这个模板中某个或者某几个地方留出空位（用占位符来代替），然后在那些空位（占位符对应的位置）上填入具体内容。

（2）占位符

占位符在一个字符串中占据着一个位置，在输出时将这个位置替换成具体的内容。而占位符并不是随意地替任何内容占位，它有着严格的规则。即每一个占位符只能替一种特定的类型占位。在字符串中需要选择相应的占位符来替具体的内容占位。

例如输入代码"Hello %s" %"world"将会得到一个“Hello world”字符串。其中的“%s”就是一个占位符，代表“%s”的位置要用后面的一个字符串来代替。更多的占位符见表2-2。

表2-2 占位符

占位符	说明
%s	字符串
%r	非转义功能的字符串
%c	单个字符
%b	二进制整数
%d	十进制整数，一般会写成%nd，其中n代表输出的总长度
%i	十进制整数
%o	八进制整数
%x	十六进制整数
%e	指数（基底写为 e）
%E	指数（基底写为 E）
%f	浮点数，一般会写成%m.nf，其中m代表总长度，n代表小数点后几位
%F	浮点数，同上
%g	指数（e）或浮点数（根据显示长度）
%G	指数（E）或浮点数（根据显示长度）

表2-2中的浮点型占位符相对复杂，有必要进行详细说明。

%m.nf这种形式的占位符，m代表设定的总位数，n代表设定的小数点后的位数。当然，具体的输出结果还要根据生成的浮点型数字本身的位数来确定。具体有如下几种情况：

- 输出的浮点型长度小于总长度m时，则会在前面补空格；
- 输出的浮点型小数点后的位数小于n时，则会在小数点后面补0；
- 当总长度m小于实际整数长度时，则会保存数据完整性，令总长度m失效，输出结果右对齐；
- 当总长度m小于实际整数加上要输出的小数长度之和时，则会保存数据完整性，令总长度m失效，输出结果右对齐。

将这几种情况分别用如下代码演示：

```
print("总长为8，小数点后为2，实际长度不足，需要前补空格\n输出：%8.2f"%23.45)
print("总长为8，小数点后为4，小数点后位数不足，会在小数点后面补0\n输出：%8.4f"%23.45)
print("总长为2，小数点后为0，总长度比实际整数长度还小，总长度失效\n输出：%2.0f"%223.45)
print("总长为6，小数点后为4，总长度6小于实际长度7，总长度失效\n输出：%6.4f"%23.45)
```

上面的代码中，在字符串后面加一个“%”，表示将“%”后的内容填入前面的占位符内。运行后输出如下结果：

```
总长为8，小数点后为2，实际长度不足，需要前补空格
输出：□□□23.45
总长为8，小数点后为4，小数点后位数不足，会在小数点后面补0
输出：□23.4500
总长为2，小数点后为0，总长度比实际整数长度还小，总长度失效
输出：223
总长为6，小数点后为4，总长度6小于实际长度7，总长度失效
输出：23.4500
```

上面输出的结果中，□表示一个空格。在计算实际长度时，小数点也占一位。读者可以对比代码中的m和n的值和具体输出，来理解上面的规则。

（3）手动拼接的格式化

前文说到格式化可以使用手动拼接或占位符的方式来实现。下面来演示具体用法。

先看一个手动拼接的例子：

```
x = 5   #定义个整型数5
print(':', str(x).rjust(2), str(x * x).rjust(3), end = ', ')
                  #占两位，以右对齐的
                  #方式输出x本身；占3位，以右对齐的方式输出x*x；结尾用逗号
print(str(x * x * x * 10).rjust(4))
                  #占4位，以右对齐的方式输出x*x*x，结尾用默认的回车
```

在print()函数中，先是使用了字符串转化函数str将整型变量x转成字符串，接着使用了字符串对象的str.rjust方法将字符串格式化输出。

str.rjust(n)的作用是将字符串靠右对齐，其中的参数n代表输出的长度。

- 如果字符串不足这个长度，则默认在左边填充空格。
- 如果字符串的长度大于n，则令n失效，并不会截断字符串，而是把字符串全部显示。

类似的方法还有字符串左对齐的方法str.ljust，和字符串居中对齐的方法 str.center。

这段代码运行后，会输出如下结果：

```
: □5 □25, □125
```

“:”之后是一个空格分隔符；接下来的5前面有一个空格补位；然后有一个空格分隔符；再下来的25前面也会有一个空格补位；然后是一个逗号；最后的125前面

同样也出现了一个补位的空格。

（4）使用占位符的格式化

下面再演示一下使用格式化的方式输出与手动拼接例子一样的字符串：

```
x = 5                                  #定义一个整型数5
print(":",'%2d %3d,%4d'%(x, x*x, x*x*x))
                                       #在模板中放置3个占位符，并指定输出长度
```

使用占位符的方法是：在模板字符串后面加个“%”符号，在“%”符号后面跟上要替换占位符的内容。

上面的代码执行后，得到如下输出：

```
: □5 □25, □125
```

可以看到，输出结果与手动拼接例子中的结果一样。

（5）使用str.format()方法格式化

使用“%”符号来进行字符串的格式化时，要求占位符出场的先后顺序必须与后面的具体内容相匹配。而使用str.format()方法对字符串格式化时，含有占位符的模板与后面内容间的映射关系可以更加灵活。

① 基本用法。

str.format()的基本用法，见如下代码：

```
x = 5                                            #定义一个整型数5
print(":",'{0:2d} {1:3d}, {2:4d} {0:4d}'.format(x, x*x, x*x*x))
                                                 #按照字符串模板的格式输出数值
```

在print()函数里，字符串模板中的占位符都被加上了一个大括号。每个大括号里的第一项用于维护与后面具体内容的对应关系，其数值与format()方法中元素的索引相对应，这样就不需要让模板里的占位符与后面的具体内容顺序一一对应了。

上面的代码执行后，得到如下输出：

```
: □5 □25, □125 □□□5
```

可以看到，第一个数与最后一个数都是5。这表明format()方法中，索引为0的值x被引用了两次。使用str.format()方法可以使模板与后面的具体内容间的映射关系更加灵活。

② 字符串模板的说明。

在字符串模板中，冒号后面的格式为“[补齐字符][对齐方式][宽度]”，其中说明如下。

- 补齐字符：可以是任意字符，但只能是一个字符。如果没有该项，默认是空格。
- 对齐方式：可以是“<”（左对齐）、“>”（右对齐）、“^”（居中）。
- 宽度：如果对应的输出是整数，需要写成“nd”的形式（n代表总长度）；如果对应的输出是浮点型，需要写成“m.nf”的形式（m代表总长度，n代表小数点后面的长度）；如果对应的输出是字符串，需要写成“n”的形式（n代表总长度）。

下面用代码举例：

```
print('{0:=>10d}'.format(5))          #右对齐，输出长度为10的整数，用=填充：
                                       =========5
print('{0:&<10.3f}'.format(0.5))      #左对齐，输出长度为10的浮点数，用&填
                                       充：0.500&&&&&
print('{0:-^10}'.format("hello"))     #居中对齐，输出长度为10的字符串，用-填
                                       充：--hello---
```

③ 简洁用法。

如果不追求具体的显示格式，str.format()方法还有更简单的使用方法，如下：

```
x = 5                                  #定义一个整型数5
print(":",'{0} {1}, {2} {0}'.format(x, x*x, x*x*x))
                                       #在模板中直接指定后面具体内容的顺序
```

如上面代码中的注释所述，在模板中直接指定后面具体内容的顺序即可，系统会自动根据变量类型匹配对应的占位符。该代码运行后，输出如下：

```
: 5 25, 125 5
```

由于没有指定格式，只是照原样将模板中的序号翻译成对应变量的值输出。

2.1.3 跟我学：精通模块的多种导入方式

例子代码的第一行是导入模块的意思。在Python中，还有好多方式可以实现导入模块功能，下面列出常用的3种，具体如下。

（1）import as方式

import as的方式其实是实现了两步操作：先将模块导入，再为模块重命名。其写法如下：

```
import a as b
```

其中，a代表要引入的模块，b是将a重命名后的名称。即，将模块a导入，并将其重命名为b。

举例如下：

```
import time as x        #导入模块time并将其重命名为x
s = x.ctime()           #调用模块time中的ctime函数，得到当前时间
print(s)                #将时间输出：Wed Feb 17 10:46:24 2021
```

例子中，把引入的time模块重命名为x，后面就可以使用x来调用time模块，并调用其ctime方法以获得当前时间。

（2）from import方式

from import方式是直接把模块内的函数或变量的名称导入当前模块。其写法如下：

```
from a import func
```

上述代码表示，将模块a中的func函数导入到当前模块。使用这种方式导入时，当前模块将只能使用a中的func函数，无法使用a中的其他函数。

例如：

```
from time import ctime    #导入模块time中的ctime函数
s = ctime()               #直接调用函数
print(s)                  #将时间输出：Wed Feb 17 10:46:24 2021
```

例子中，先从time模块中导入ctime()函数，接着就可以直接使用ctime()函数来获得时间。因为只导入了time模块中的一个函数，如想再调用time模块中的其他函数，则系统会报错。

例如，接上面代码，添加如下语句：

```
print(time.time())
```

运行时，程序会报错：

```
NameError: name 'time' is not defined
```

因为程序只引入了ctime()函数，并不知道time模块，所以提示time没定义。

（3）from import * 方式

from import *方式将模块中所有的名字（以下画线开头的名字除外）导入到当前模块符号表里。

具体代码如下：

```
from time import *            #导入模块time中的所有名字（以下画线开头除外）
s = ctime()                   #直接调用函数
print(s)                      #将时间输出：Tue Feb 16 06:23:34 2021
```

这时再运行time中的time()函数就不会报错了。代码如下：

```
print( time())   #返回当前时间的时间戳(1970纪元后经过的浮点秒数)输出：
                  1613530225.1944888
```

2.1.4　跟我做：从GitHub上直接导入模块

正常来讲，如果在代码中，要想导入模块，必须得先使用pip或conda命令对其安装。其实还可以使用import_from_github_com模块实现不用安装，就能直接运行的效果。具体如下：

先使用如下命令安装import_from_github_com模块：

```
pip install import_from_github_com
```

该命令执行后，系统会导入一个import_from_github_com模块，该模块可以通过github_com来导入GitHub网站发布的其他模块。

再直接从代码里导入GitHub网站上发布的pypinyin模块即可。代码如下：

```
1  from github_com.mozillazg.pypinyin  import  lazy_pinyin,Style
2  print(lazy_pinyin('代码医生', style=Style.TONE))              # 输出拼音
```

代码运行后，会弹出一个GitHub登录窗口，可以选择使用浏览器进行登录，也可以选择注册一个新的账户。如图2-1所示。

图2-1　GitHub登录窗口

待输入正确登录之后，系统将自动下载模块pypinyin，并将其安装到本机。待自动安装成功后，便会运行代码，输出结果。

2.1.5 跟我做：一行代码实现所有模块自动导入

为了提升编码效率，可以使用第三方库pyforest实现所有模块自动导入功能。

（1）pyforest模块的安装

pyforest模块的安装非常简单，只需要在命令行中输入如下命令即可：

```
pip install pyforest
python -m pyforest install_extensions
```

（2）pyforest模块的使用

在使用时只需要引入该模块，代码运行时，该模块会根据程序的需要自动加载其他模块。例如：

```
from pyforest import *    #只引入pyforest即可，不用再引入os和sys模块了
op = os.getcwd()
print("当前代码路径：",op) #获取当前代码路径
print("Python版本信息：",sys.version_info)
```

如果想知道程序运行后，pyforest到底自动加载了哪些模块，可以使用active_imports()函数进行查看。例如：

```
active_imports()             #输出：['import os', 'import sys']
```

（3）向pyforest中添加其他模块

虽然pyforest模块中内置了很多常用的系统模块，但是在开发过程中，难免会遇到在pyforest中没有的模块。遇到这种情况需要手动向pyforest中添加其他模块。具体的方法是，修改用户目录下的.pyforest文件夹中的user_imports.py文件。将所要引入的模块添加进去即可。

linux系统下的路径为：~/.pyforest/user_imports.py
windows系统下的路径为：C:\Users\用户名\.pyforest\user_imports.py

例如：

在pyforest中默认是没有platform模块的，所以下面代码运行时会报错：

```
from pyforest import *
print("当前系统: ",platform.platform())  #输出: NameError: name 'platform
                                         ' is not defined
```

这时需要打开user_imports.py文件，将引入platform模块的代码添加进去。如图2-2所示。

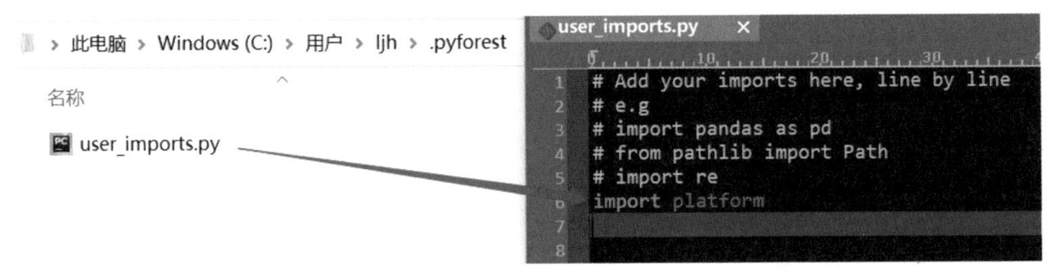

图2-2　代码例子

2.2　跟我做：3行代码实现OCR——图片转文字

使用easyOcr，可以非常方便地从图片中提取文字。具体做法如下。

（1）安装模块

① 安装torch模块。

```
pip install torch torchvision torchaudio
```

② 安装easyocr。

```
pip install easyocr
```

（2）编写代码并运行

准备一张图片（本例使用的图片为“ocr7.png”，如图2-3所示），放到代码文件的同级目录下，接着编写如下代码：

```
1  import easyocr
2  easyocr_reader = easyocr.Reader(['ch_sim',"en"])       # ch_sim是简体中文模型
3  print(easyocr_reader.readtext("ocr7.png"))             # 输出图片中的文字
```

上面代码中的第3行载入了本地图片“ocr7.png”，并使用模型对其中的文字进行识别。

第一次运行代码时，系统会自动从网上下载模型文件，待模型文件下载完成之后，才能执行后面的代码。整个过程会比较慢，在网络质量不佳的情况下，还有可能下载失败。如果使用手动下载的方式，可以让程序运行得更顺畅，具体做法是：直接进入esayocr官网选择需要的模型（例如图2-4中的模型），将其下载解压后，放到当前用户目录的.EasyOCR\model文件夹下即可（在Windows系统中，该目录为：C:\Users\yourname\.EasyOCR\model，其中yourname是登录用户名）。

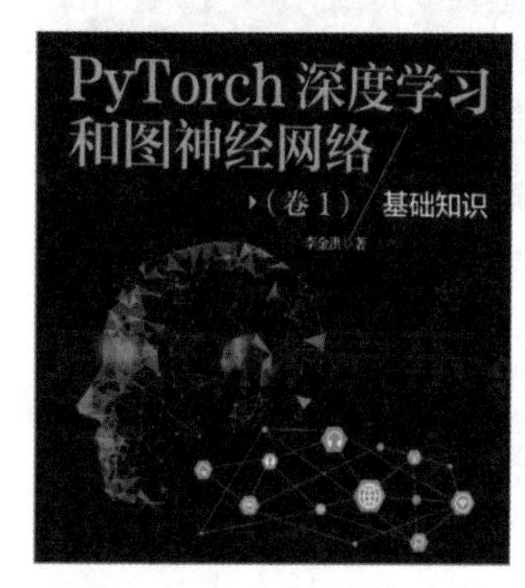

图2-3 ocr7图片

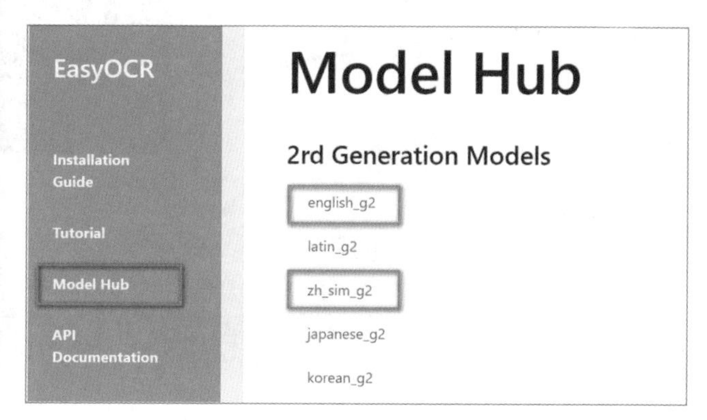

图2-4 esayocr官网

程序运行后，会输出如下内容：

```
[([[20, 13], [438, 13], [438, 87], [20, 87]], 'PyTorch 深度学习',
0.4689636191093995),
 ([[22, 71], [325, 71], [325, 140], [22, 140]], '和图神经网络',
0.7530856827402169),
([[195, 139], [305, 139], [305, 175], [195, 175]], ',(卷1 )',
0.2086577890709732),
([[323, 139], [433, 139], [433, 177], [323, 177]], '基础知识',
0.5744016771774663),
 ([[0, 260], [420, 260], [420, 338], [0, 338]], '』0京东',
0.03431418910622597)]
```

可以看到，生成的结果是一个嵌套列表类型。最外层的列表中有5个元素，每个元素都是元组类型，其内部放置了所识别文字的坐标、内容、置信度。

（3）结果优化

还可以对本节中ocr例子的输出结果进行优化，使其只生成文字内容。具体代码如下：

```
1  import easyocr
2  easyocr_reader = easyocr.Reader(['ch_sim',"en"])      # ch_sim是简体中文模型
3  result = easyocr_reader.readtext("ocr7.png")           # 输出图片中的文字
4  print([one[1] for one in result])
```

输出结果如下：

```
['PyTorch 深度学习', '和图神经网络', ',(卷1 )', '基础知识', '』0京东']
```

这段代码中的第4行，使用了“序列”类型中的检索和列表推导式操作，下面将详细介绍这两部分的知识点。

2.2.1 跟我学：Python中的“序列”类型操作

字符串、列表、元组这些类型的内部元素都是有序排列的，它们属于“序列”类型（sequence）。

“序列”类型中有个重要的概念——索引。索引是指在序列中某个排名的具体数值，这个排名是从0开始的。例如：“hello”中h的索引是0，e的索引是1，o的索引是4。

在Python中，对于“序列”类型的数据都可以使用检索、反检索、切片操作的方式，直接从其内部进行取值。具体介绍如下。

检索　使用中括号加下标的表示方法（[下标]），下标指的是序列中的索引位置。

- 当下标为正数时，是从左往右的索引顺序，从0开始计算。如：s="hello"，s[0]为“h”；
- 当下标为负数时，是从右向左的顺序，从1开始计算，如：s="hello"，s[-1]为“o”。

反检索　使用index函数来完成与检索相反的功能。即通过字符返回该字符在字符串中的索引，该索引是按照从左向右排列的。如s.index('e')，会得到一个1的数字，表明e在s中的索引为1。

切片　使用“[起始:结束:步长]”形式来表示。意思是在原序列数据中，在开始位置切一下，在结束位置切一下，剩的中间片段就是切片。在中间片段的切片中，还要按照步长指定的间隔来取字符串（一般默认为1）。切片数据

是由开始位置的索引与结束位置的前一个索引所组成的（顾头，不顾尾），如：对于一个s="hello"的变量，进行s[1:4]的切片操作，所得的结果为“ell”。

2.2.2　跟我学：列表推导式

列表推导式是一种创建列表的方法。它的应用场景是：当需要对一个序列数据中的每个元素做一些操作，并将操作后的结果作为新列表的元素。

列表推导式提供了从序列创建列表的简单途径，它可以根据指定的条件来创建子序列。

写列表推导式时常会与for结合在一起。一般会写成：在一个中括号里面写一个表达式，后面再跟一个或多个 for 或if子句。这样会生成一个列表，该列表中的元素就是，一个for或if子句中遍历的具体元素经过表达式生成的结果。例如：

```
Y = [1, 0, 1, 0, 1, 1, 1, 1, 0]
              #定义一个list，包含0、1两个元素
colors = ['r' if item == 0 else 'b' for item in Y[:]]
              #使用列表推导式将Y中的0变成"r"，1变成"b"
print(colors) #打印colors内容，输出：['b', 'r', 'b', 'r', 'b',
               'b', 'b', 'b', 'r']
```

上面的代码常常用于设置所绘图中某个点的颜色。假设列表Y是通过某种运算生成的结果，里面包含了两种结果（0和1）。现在要把Y中的0数据用红色（r）表示，1的数据用蓝色（b）表示。这时就可以使用列表推导式生成一个与Y对应的颜色列表。列表推导式还可以生成嵌套列表或元组，例如：

```
m = [[1, 2, 3], [4, 5, 6], [7, 8, 9]]
              #定义一个列表
t = [(r[0], r[1], r[2]) for r in m]
              #外面的for是变量m的每一行，里面是将每行的三个元素变成元组
print(t)      #m由嵌套列表变成了嵌套元组，输出：[(1, 2, 3), (4, 5, 6),
               (7, 8, 9)]
```

上面的第二行也可以写成`t = [ tuple(r) for r in m ]`，是一样的效果。

另外，列表推导式还可以与if一起实现过滤功能。这时需要把if放到for的后面。例如：

```
t = [(r[0],r[1],r[2]) for r in m if sum(r)>6]
                                    #选择m中，元素总和大于6的内容
```

2.3　跟我做：6行代码将运行结果导入到Word文档中

Word是我们日常办公常用的软件，利用Python编程，可以很方便地将程序结果保存到word文档中，从而提高工作效率。具体做法如下。

（1）安装模块

使用如下命令安装python-docx模块，该模块是Python中操作Word文件的常用模块，不仅支持向Word文件写入数据，还支持读取、添加、修改格式等操作。

```
pip install python-docx
```

（2）编写代码

python-docx模块的导入方式比较特别，在代码中需要使用“docx”才可以导入。在使用时，需要先对docx模块中的Document进行实例化，生成实例化对象之后，就可以用该对象中的add_paragraph方法添加文字了。具体代码如下：

```
1  from docx import Document
2  document = Document()                              # 实例化对象
3  con = ' '.join(['dài', 'mǎ', 'yī', 'shēng'])# 将列表转化为字符串，每个元素用空格隔开
4  paragraph = document.add_paragraph(con)      # 添加一段文字
5  after_paragraph = document.add_paragraph(f"{'_'*16}")  # 添加第二段文字
6  document.save(r"D:\test.docx")               # 保存word文档
```

代码的第3行使用了字符串类型的join方法，该方法可以将列表中的元素连接起来生成一个新的字符串，这部分内容会在2.3.1小节重点介绍。代码第5行使用了字符串f-string形式的格式化方法，2.3.2小节会重点介绍。代码片段'_'*16表示生成含有16个下划线的字符串。代码第6行使用了转义字符r的知识点，会在2.3.3小节重点介绍。

代码运行后，系统会在本地D盘下生成一个Word文档。其内容如图2-5所示。

可以看到，已经将2.1小节的运行结果成功导入到Word里了。接下来就可以打印出来，供小学生复习使用了。

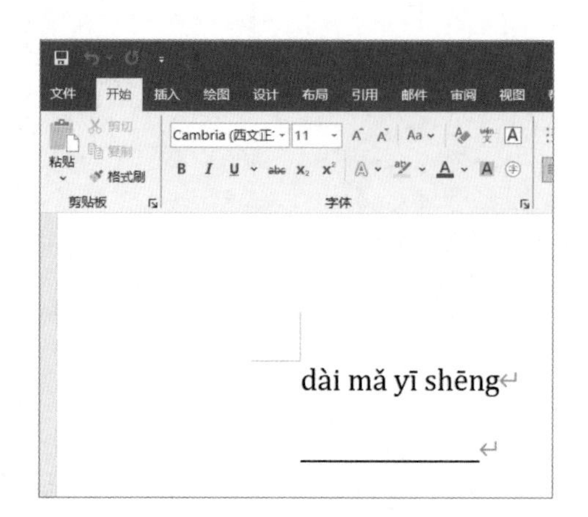

图2-5　Word文档

2.3.1　跟我学：了解字符串类型的常用函数

Python中内置了很多字符串操作的相关函数，表2-3中列举了一些较为常见的函数。

表2-3　常见字符串操作函数

函数	说明
len()	求序列长度
in :	判断元素是否存在于序列中。例如："ab" in "abcd"，返回True
max() :	返回字符编码的最大值。例如：max("abcd")，返回“d”
min() :	返回字符编码的最小值。例如：min("abcd")，返回“a”
cmp(str1,str2) :	比较两个序列值是否相同。若相等，则返回0
ord(str)	返回单个字符的字符编码。例如：ord('我')，则返回25105（默认在UTF-8下）
chr(number)	根据某个字符编码返回对应的字符。例如：chr(25105)，则返回'我'（默认在UTF-8下）
str.split（）	这个函数的作用是将字符串根据某个分隔符进行分割。例如： a ="I LOVE Python" print(a.split(" "))　　#用空格作为分隔 输出：['I', 'LOVE', 'Python'] 输出的返回值是一个列表（list）类型，关于列表的内容，后续会介绍
chr.join(list)	split的逆操作，即将list中的每个元素，用chr字符连接起来。例如： b=['I', 'LOVE', 'Python'] print(" ".join(b))　　#将b按照空格连起来 输出：I LOVE Python
str.title()	将每个单词首字母转为大写。例如： a ="I love Python" print(a.title()) 输出：I Love Python

表2-3中左列倒数第二行为join函数，函数join的输入参数是一个list，代表列表类型的意思。

字符串的方法还有很多。可以通过 dir 命令来查看。在IPPython console中输入**dir**(str)，则会显示如下内容：

```
['__add__', '__class__', '__contains__', '__delattr__', '__
doc__', '__eq__', '__format__', '__ge__', '__getattribute__', '__
getitem__', '__getnewargs__',
……
'rsplit', 'rstrip', 'split', 'splitlines', 'startswith', 'strip',
'swapcase', 'title', 'translate', 'upper', 'zfill']
```

这些内容就是字符串操作相关的全部函数，这里不再一一介绍，要了解某个具体的含义和使用方法，可以使用 help 命令查看。

例：想了解str的isalpha函数，可以在IPython console中输入如下命令：

```
help(str.isalpha)
```

输出结果如下：

```
Help on method_descriptor:
isalpha(……)
   S.isalpha() -> bool

   Return True if all characters in S are alphabetic
   and there is at least one character in S, False otherwise.
```

除此之外，字符串还可以与int类型进行相乘，实现重复次数的功能。具体如下：

```
a = 'hello'                  #定义字符串
print(a * True)              #重复 1 次，输出：'hello'
print(a * False)             #重复0次，输出：''
print(a * 0)                 #重复0次，输出：''
print(a * 1)                 #重复 1 次，输出：'hello'
print(a * 2)                 #重复2次，输出：'hellohello'
```

2.3.2　跟我学：f-string形式的格式化用法

f-string形式的格式化用法相比字符串对象的format()方法更为便捷，且功能强大。它可以非常轻松地完成字符串拼接以及格式化功能。具体用法如下。

（1）f-string替换普通变量

使用f-string形式格式化字符串时，只需要在字符串前面加上f，在字符串内部将要替换的变量用大括号括上即可。具体代码如下：

```
booktype = '人工智能'
strtest = f"代码医生工作室著有多本有关{booktype}的书籍"
print(strtest)            #输出：代码医生工作室著有多本有关人工智能的书籍
print(f'{{booktype}}') #显示变量的名称而非变量的值，输出：{booktype}
```

（2）f-string的规则

f-string形式字符串中的大括号里可以执行Python代码，但不支持注释，即不可以有“#”号。具体代码如下：

```
a = 4
print(f"4 * 4 is {a * a}")     #输出：4 * 4 is 16
print(f"4 * 4 is {a # * a}")   #输出错误：SyntaxError: f-string expressi-
                                on part cannot include '#'
```

（3）f-string简化调试代码的输出

f-string字符串的最大特点就是在简化调试代码的输出上。在f-string形式字符串中的大括号里直接调用函数，并在后面加个等号，系统会在等号后把函数的返回值填上。具体代码如下：

```
def fun():                    #定义一个函数，返回值是5
  return 5
print(f"函数{fun()=}")        #输出：函数fun()=5
```

（4）f-string中的冒号规则

在f-string形式字符串中的大括号里，可以通过冒号来指定输出数据的格式。具体代码如下：

```
print(f'{15:b}')              #以二进制显示数值15，输出：1111
print(f'{15:o}')              #以八进制显示数值15，输出：17
print(f'{15:x}')              #以小写十六进制显示数值15，输出：f
print(f'{15:X}')              #以大写十六进制显示数值15，输出：F
print(f'{15:d}')              #以十进制显示数值15，输出：15
print(f'{3.1415926:.2f}')#以保留小数点后2位的方式显示浮点数，输出：3.14
print(f'{3.1415926:%}')   #以百分数的方式显示浮点数，输出：314.159260%
```

```
print(f'{3.1415926:.2%}') #以保留小数点后2位百分数的方式显示浮点数，输出:
                           314.16%
print(f'{3.14:<6}')       #以6位宽度显示数值，自动在右侧补位，，输出: 3.14
print(f'{3.14:>6}')       #以6位宽度显示数值，要求在左侧补位，，输出: 3.14
print(f'{3.14:6}')        #以6位宽度显示数值，自动在左侧补位，输出: 3.14
print(f'{"sss":6}')       #以6位宽度显示字符串，自动在右侧补位，输出: sss
```

（5）f-string中的感叹号规则

在f-string形式字符串中的大括号里，可以通过感叹号加“a”，的方式转义显示ASCII字符。具体代码如下：

```
name = "天天"
print(f'{name!a}')          #输出: '\u5929\u5929'
```

2.3.3　跟我学：了解字符串中的转义字符

转义字符是一种特殊的字符。它在代码中看得见，但在输出时会被转换成特殊意义。

（1）转义字符介绍

Python中有很多转义字符，具体见表2-4。

表2-4　转义字符

转义字符	描述
\（在行尾时）	续行符
\\	反斜杠符号
\'	单引号
\"	双引号
\a	响铃
\b	退格（Backspace）
\e	转义
\000	空
\n	换行
\v	纵向制表符
\t	横向制表符
\r	回车

续表

转义字符	描述
\f	换页
\oyy	八进制数yy代表的字符。例如：\o12代表换行
\xyy	十进制数yy代表的字符。例如：\x0a代表换行
\other	其他的字符以普通格式输出

（2）原字符串

转义字符并不是在所有情况下都有用。有时还需要输出含表2-4中的字符，即不想让表2-4中的字符发生转义。这时需要在字符串前面加一个“r”或者“R”，将其变为原字符串（raw string）。原字符串的内容会与代码中的内容完全一致。例：

```
aa = 'line\tline'  #aa里面含有转义字符\t，在第二个line之前
print(aa)          #将aa输出：line→line（→为横向制表符，由Tab键输出）
bb = R'line\tline' #bb里面含有转义字符\t，同时前面加个R，关闭转义功能
print(bb)          #将bb输出：line\tline
```

也可以使用函数repr(str)将字符串aa（含有转义字符的字符串）转换成原字符串。例如：

```
aa = 'line\tline'  #aa里面含有转义字符\t
print(repr(aa))    #将使用repr函数将aa的原始字符串输出：'line\tline'
```

如果变量aa里含有转义字符“\t”，在直接使用print()函数输出时，会将里面的“\t”转变为制表符；如通过repr()函数转化后再使用print()函数输出，则转义字符“\t”停止转义，直接被输出了。

（3）原字符串的原理

函数repr(str)与在字符串前加上“r”或“R”的原理相似，都是在字符串str中查找反斜杠“\”字符。如果能找到，就在该字符前面再加一个反斜杠“\”，组成两个反斜杠字符“\\”。根据表2-4中的内容，两个反斜杠字符“\\”生成的字符串会转义成一个反斜杠字符“\\”，这样就会把原来str中那个不需要转义的反斜杠“\”输出来了。

- 在字符串前面加上“r”或“R”，是直接作用在字符串常量上，相对不容易出错。
- 函数repr(str)是直接作用在字符串变量上。

在使用repr(str)函数时就要多加注意，输入的字符串参数必须是一个正常的字符串。如果对一个原字符串进行repr转化，则会使反斜杠变得更多。例如：

```
bb = R'line\tline'      #定义一个原字符串
print(repr(bb))         #对原字符串进行repr，输出：'line\\tline'
```

上例中将原字符串传入repr()函数中，生成的结果中出现了两个反斜杠字符，这是我们不想看到的。所以在使用repr(str)函数时，一定要明确传入参数的字符串类型不能是原字符串。

（4）原字符串转成转义字符串

前面介绍了转义字符串变量可以通过repr(str)函数变为非转义字符串变量。这里再介绍，通过eval(str)函数将“非转义字符串变量”转变成“转义字符串变量”的方法。见下面的例子：

```
bb = R'line\tline'              #定义一个原字符串
print(eval("'" + bb + "'"))     #在原字符串变量前后都加上单引号字符，通过eval
                                 函数即可生成转义字符。输出：line   line
```

（5）规避转义字符带来的问题

转义字符的存在一定程度地简化了编码的复杂度，但在某些情况下也容易带来问题。

例如，当使用一个字符串来表示某个磁盘上的文件路径时，很有可能会被转义字符的功能影像，使系统无法找到正确的文件路径。如下列代码：

```
path = "c:\temp.txt"  #定义一个字符串路径
open(path)            #当打开该路径时，系统收到的是一个转义字符串："c:
                       emp.txt"
```

这种情况的解决办法是，将路径写成path = r"c:\temp.txt"或path ="c:\\temp.txt"或path = "c:/temp.txt"的方式来避免错误。

（6）字符串转化扩展

前面介绍了通过在字符串前面加上一个“r”或“R”，将字符串转成原字符串。类似的用法还有很多：

- 在字符串前面加上“b”，将字符串转成二进制字符串。
- 在字符串前面加上“u”，将字符串转成Unicode编码的字符串。

Unicode（统一码、万国码、单一码）是计算机科学领域里的一项业界标准，包括字符集、编码方案等。

2.4 跟我做：4行代码实现TTS——朗读文字

TTS是语音合成应用，能够将文字转化为自然语音流，帮助人们阅读文本信息。下面就来动手实现一个TTS的程序。

（1）安装模块

pyttsx3是Python中的文本到语音转换模块，它可以将文本转换成语音，支持多种语音合成器和语音引擎，可以修改语速、音量等参数，也可以设置语音合成器。安装命令如下：

```
pip install pyttsx3
```

（2）编写代码

pyttsx3模块的使用也很简单，具体如下：

```
1  import pyttsx3
2  engine = pyttsx3.init()                    # 初始化TTS引擎
3  engine.say('代码医生工作室')                # 朗读文字
4  engine.runAndWait()                        # 等待播放结束
```

代码运行后，可以听到机器将文字朗读了出来。

2.4.1 跟我学：用for语句了解更多TTS模块属性

Python中的for语句是用来循环执行代码块的。for循环的执行条件是遍历一个序列容器。语句形式为：

```
for item in 序列数据:
    statements1
```

意思是，每次从序列容器中取一个值（item），然后执行语句statements1。当遍历完整个序列容器，循环也就结束了。

在模块pyttsx3实例化对象中，有个voices属性，里面包含了TTS模块的详细参数。下面就通过for循环遍历其中每个参数，了解TTS模块的更多属性。

```python
1  import pyttsx3
2  engine = pyttsx3.init()                                  # 初始化TTS引擎
3  voices = engine.getProperty('voices')
4  for voice in voices:
5      print(voice)
```

运行结果如下:

```
<Voice id=HKEY_LOCAL_MACHINE\SOFTWARE\Microsoft\Speech\Voices\
Tokens\TTS_MS_ZH-CN_HUIHUI_11.0
    name=Microsoft Huihui Desktop - Chinese (Simplified)
    languages=[]
    gender=None
    age=None>
<Voice id=HKEY_LOCAL_MACHINE\SOFTWARE\Microsoft\Speech\Voices\
Tokens\TTS_MS_EN-US_ZIRA_11.0
    name=Microsoft Zira Desktop - English (United States)
    languages=[]
    gender=None
    age=None>
```

从结果可以看出，TTS模块的主要参数如下:

- age 发音人的年龄，默认为None。
- gender 以字符串为类型的发音人性别: male, female, or neutral。默认为None。
- id 关于Voice的字符串确认信息。
- languages 发音支持的语言列表，默认为一个空的列表。
- name 发音人名称，默认为None。

默认的语音合成器有两个，两个TTS模块均可以合成英文音频，但只有第一个合成器能合成中文音频。如果需要其他的语音合成器需要自行下载和设置。

2.4.2　跟我学：精通Python语法中的循环处理及使用策略

除了2.4.1小节所介绍的for循环以外，Python语法中还可以使用while关键字来执行循环操作。下面就来介绍while循环以及for和while的使用策略。

（1）while语句形式

语句的形式为：

```
while 条件判断语句:
  statements1
```

该语句的执行过程，可以分解成如下步骤：

① 执行条件判断语句，看是否返回True。

② 如果返回True，则执行下面的statements1代码。

③ 执行完statements1的代码后，再回到第①步。

④ 如果第①步返回False，则整个语句结束。

statements1属于while的子代码块，每一行的开头都需要缩进。

（2）演示while语句的使用

下面通过代码演示while语句的用法。

```
c = 4                    #定义一个变量c
while c > 0:             #使用while循环。当c大于0，就执行下面语句
print(c)                 #输出c的值
c-= 1                    #c自减1
```

在上面代码中，while的循环条件是c大于0。在while循环体里，每次都会打印出c的值，并将c自身减1。代码运行后输出如下：

```
4
3
2
1
```

变量c的初始值为4。c经过4次减1操作将会变为0，不符合while的条件，就结束循环。

（3）Python语法中的循环处理的使用策略

在处理海量数据时，循环处理是代码中非常耗时的一个环节，需要重点关注。下面给出几点使用策略。

① 尽量使用库函数。

应尽量使用内部带有迭代功能的库函数来代替直接使用循环语句。一般来讲，库函数的内部都会对性能做特殊优化，所以它运行起来速度更快。例如对一个列表求和时，可以直接使用sum()函数。

② 在没有找到匹配的库函数时，尽量用推导式。

如果在处理某种特殊业务时没有找到匹配的库函数，则必须手动来写循环语句进行处理。在这种情况下，使用推导式的效率会优于普通的循环语句。在Python支持的推导式中，优先使用生成器推导式。

③ 在无法用推导式的场景下，尽量使用for直接遍历数据。

推导式的特点是代码简洁，但它并不能适应复杂的循环处理。在无法用推导式的场景下，尽量使用for直接遍历数据。

（4）循环使用举例

下面举例说明三种常用循环的比较。

① while循环写法。

```
while i<len(mylist):
  print(mylist[i])
  i=i+1
```

这种写法效率是最慢的，因为它每次循环时都会执行一遍i+1的运算。

② for索引循环。

```
for i in range(len(mylist)):
   print(mylist[i])
```

这种写法效率也不是太理想，因为它每次根据索引取值时，系统内部都会做一次取值检查。

③ for循环。

```
for x in mylist:
   print(x)
```

这种写法效率是最优的，因为它把取值的过程交给Python内部的循环机制来做，利用Python内部优化过的迭代功能对序列进行遍历。

2.4.3　练一练：用TTS自定义声音朗读英文

pyttsx3模块非常强大，还可以自定义语速、音量等参数。

① 查看语速、音量等参数的代码如下：

```
rate = engine.getProperty('rate')
print(f'语速: {rate}')                          #输出: 语速: 200
volume = engine.getProperty('volume')
print (f'音量: {volume}')                       #输出: 音量: 1.0
```

② 设置语速、音量等参数的代码如下：

```
engine.setProperty('rate', 100)                 #设置语速
engine.setProperty('volume',0.6)                #设置音量
```

③ 设置TTS模块的代码如下：

```
voices = engine.getProperty('voices')
engine.setProperty('voice',voices[0].id)    #设置第一个语音合成器
```

有了这些代码，就可以尝试一下，编写代码用TTS自定义声音朗读英文吧。

2.4.4　跟我学：了解Python中的类

在Python中，所有类型都是使用类（class）来实现的。Python中的类，具有面向对象编程的所有基本特征。

（1）类的相关术语

类（class）是用来描述具有相同属性和方法的对象的集合。它定义了该集合中所有对象共有的属性和方法。与类相关的术语还有如下。

- 类变量：类变量在所有实例化对象中是公用的。类变量定义在类中，且在函数体之外。类变量通常不作为实例变量使用。
- 数据成员：类变量或者实例变量，用于处理类及其实例对象的相关数据。
- 方法重写：如果从父类继承的方法不能满足子类的需求，可以对其进行改写，这个过程叫方法的覆盖（override），也称作方法的重写。
- 实例变量：定义在方法中的变量，只作用于当前实例的类。
- 继承：即派生类（derived class）具有基类（base class）一样的字段和方法。继承会把一个派生类的对象作为一个基类对象对待。
- 实例化：创建一个类的实例，即得到类的具体对象。
- 方法：类中所定义的函数，也叫该类的成员函数。
- 对象：对象是类的实例。对象包括两个数据成员（类变量和实例变量）和方法。

（2）使用类

创建好的类可以实例化成一个对象，并通过调用对象的方法来实现具体功能。例如：

```
myc =MyClass () #实例化类对象，并赋值给myc
print(myc.i)    #打印类实例myc的成员变量i。输出：12345
print(myc.f())  #调用类实例myc的成员函数f，并打印返回值。输出：I love
                Python
```

自定义的类与Python中的内置类型，在使用上几乎一样。生成MyClass实例化的对象myc后，就可以调用myc中的变量i和方法f了。

(3) 类的内置属性

Python中的类有一些相同的内置属性。这些内置属性用于维护类的基本信息，具体如下。

- __name__：类名称；
- __doc__：类的文档字符串；
- __module__：类定义所在的模块。如果是直接运行当前文件，该值为__main__；
- __base__：该类所有的父类<class 'object'>列表，是一个tuple 类型的对象；
- __dict__：该类的所有属性（由类的数据属性组成），是一个dict 类型的对象。

将MyClass类的内置属性打印出来，代码如下：

```
print(MyClass.__name__)     #打印类的名字，输出：MyClass
print(MyClass.__doc__)      #打印类的文档字符串，输出：A simple example
                             class
print(MyClass.__module__)   #打印类定义所在的模块，输出：__main__
print(MyClass.__base__)     #打印类的所有父类，输出：<class 'object'>
print(MyClass.__dict__)
#打印类的属性，输出：{'f': <function MyClass.f at 0x000000000C499048>,
'__dict__': <attribute '__dict__' of 'MyClass' objects>, '__
weakref__': <attribute '__weakref__' of 'MyClass' objects>, 'i':
12345, '__doc__': 'A simple example class', '__module__': '__
main__'}
```

2.4.5　跟我学：类的实例化

实例化类，可以使用类的名字加括号来实现。对于一些复杂功能的类，还需要在实例化的同时为其初始化某些必须的成员变量，这就是带有初始值的实例化。

(1) 类的初始化方法（__init__）

要想实现带有初始值的实例化，需要在定义类时，在类里面实现一个“__init__”方法。“__init__”方法的定义与函数几乎一样，也需要形参，并且支持形参默认值等规则。这样，在实例化时，可以将具体要初始化的值当作实参，传入到类名字后的括号里。例如：

```
class MyClass:                      #定义一个类
  """A record class"""              #定义该类的说明字符串
  def __init__(self, name, age):   #定义该类的初始化函数
    self.name = name                #将传入的参数值赋值给成员变量
    self.age = age

  def getrecode(self):              #定义一个成员函数
    return self.name,self.age       #该成员函数返回该类的成员变量

myc =MyClass ("Anna",42)            #实例化一个对象，并为其初始化
print(myc.getrecode())              #调用对象的成员函数，并将返回值打印。输
                                     出元组类型：('Anna', 42)
```

在初始化函数__init__()中，直接使用了self加点的方式，为指定类中的成员变量赋值。这个成员变量的定义机制与普通变量的定义机制类似，在赋值语句执行的同时，会自动创建并加入该类。

（2）隐藏调用类的初始化方法

其实每个类在实例化时，都会在内部调用初始化函数__init_()。对于一个没有初始化函数的类，在实例化时，也会调用内部默认的__init__()函数。如果在类中实现了函数__init__()，就会优先调用自定义的函数__init__()。例如：

```
class MyClass:                  #定义一个类
  """A record class"""          #定义该类的说明字符串
  def __init__(self):           #定义该类的初始化函数
    print("here")               #将传入的参数值赋值给成员变量

myc =MyClass ()                 #实例化一个对象。输出：here
```

上面代码中，在类MyClass内部建立了一个__init__()函数，__init__()的函数体是输出一句话。在对MyClass进行实例化时可以看到，屏幕上自动输出了here。这表明，实例化类时，即使没有初始值也会调用__init__()函数。

如果类中的__init__()函数有除self以外的参数，实例化该类时，就必须输入与__init__()函数对应的参数，否则就会报错。

2.4.6　跟我学：了解Python中的子类

在面向对象编程思想中，类与类之间可以有派生或是继承的关系。派生与继承是针对与父类、子类的关系而言。

- 父类可以派生一个子类。这样，子类也就继承了父类的属性与方法。
- 子类里也同样可以定义自己的属性与方法，并且能够派生出新的子类。

通过这种父/子类的编程思想来设计架构，是典型的面向对象思想。它可以用类的方式把复杂的需求抽象出来。即把所有要描述对象的共性总结出来：对于全部都遵守的共性，用父类来描述；对于满足部分共性的对象，用多个子类来描述。

类的继承分为单继承和多继承。

- 单继承是指派生类只有一个父类。即只继承了一个父类的属性及方法。
- 多继承是指派生类有多个父类。即子类继承了多个父类的属性及方法。

（1）单继承的实现

单继承的实现非常简单。定义类时，在类名后面加一个括号，在括号里指定父类的类名。具体形式如下：

```
class DerivedClassName(FatherClassName):
    <语句-1>
    ……
    <语句-N>
```

父类名FatherClassName对于派生类来说，必须是可见的。

也可以继承在其他模块中定义的基类。例如：

```
class DerivedClassName(module.FatherClassName):
```

当访问派生类的属性时，首先会在当前的派生类中搜索，如果没有找到，则会递归地去基类中寻找。

（2）子类方法覆写

当子类的方法与父类的方法同名时，父类的方法将失效。即，子类方法覆写（override）了父类的方法。比较常见的覆写方式是：在子类里，执行自己的覆写方法的同时，也要调用一下父类的被覆写的方法。这种情况，可以通过以下方式直接调用父类方法：

```
FatherClassName.method(self, arguments)
```

（3）多继承的实现

多继承与单继承类似，只不过是在类名后的括号里多加几个父类，中间用逗号分隔。具体形式如下：

```
class DerivedClassName(FatherClassName1, FatherClassName2, …… ……):
    <语句-1>
    ……
    <语句-N>
```

在多继承下，若要访问派生类的属性，默认的搜索规则是：深度优先，从左到右。即：

① 如果一个属性在当前类中没有被找到，它就会搜寻 Father ClassName1；

② 如果FatherClassName1中没找到，就会递归地搜寻 Father ClassName1 的父类；

③ 如果FatherClassName1的所有父类没找到，就会搜索Father ClassName2；

④ 循环②、③两步，依次类推，直到找到为止；

⑤ 如果都没找到就会报错。

Python中采用了C3 线性化算法去搜索父类，保证每个父类只搜寻一次，以避免搜索过程陷入死循环。

（4）代码举例

下面通过实例来演示类的继承、子类方法覆写。

```
class Record:                                  #定义一个类
  """A record class"""                         #定义该类的说明字符串
  __Occupation = "scientist"                   #职业为科学家，私有变量
  def __init__(self, name, age):               #定义该类的初始化函数
    self.name = name                           #将传入的参数值赋值给成员变量
    self.age = age

  def showrecode(self):                        #定义一个成员函数
    print("Occupation:",self.getOccupation())
                                               #该成员函数输出该类的成员变量

  def getOccupation(self):                     #返回私有变量的方法
    return self.__Occupation

class GirlRecord(Record):                      #定义一个类子类
```

```
    """A GirlRecord class"""         #定义该类的说明字符串
    def showrecode(self):            #定义一个成员函数
      Record.showrecode(self)        #调用父类的方法
      print("the girl:",self.name,"'s age is",self.age )
                                     #该成员函数输出该类的成员变量

myc =GirlRecord ("Anna",42)          #对GirlRecord实例化
myc.showrecode()                     #调用其showrecode方法
```

在上面代码中，父类Record实现了__init__()函数和showrecode 方法。子类GirlRecord中实现了showrecode方法，没有实现__init__()函数。在子类的showrecode方法中，调用了父类showrecode方法。

对GirlRecord实例化，并调用showrecode方法。运行结果输出如下：

```
Occupation: scientist
the girl: Anna's age is 42
```

第一行的输出是父类Record中的showrecode结果，第二行的输出是子类中showrecode方法的结果。

因为子类中的showrecode调用了父类的showrecode，所以才会有父类的输出。

如果子类中不调用父类的方法，即将上面代码中倒数第5行`Record.showrecode(self)`注释掉，则将不会有父类方法showrecode的执行。这表明子类的showrecode方法已经对父类的showrecode方法进行了覆写。

2.4.7 跟我做：以类的方式将PPT中的文字提取到Word里

学习和工作中都会遇到一个问题，就是将PPT中的文字提取出来保存到Word当中，这样可以方便自己的阅读或者是将文字打印出来。但是很多时候，都是手动将PPT中的文字通过复制粘贴的方式一张张地提取出来。这样的操作方式非常低效。如果能用Python写个程序，自动将PPT中的所有文字提取到Word里，那将非常省时省力。

本节将结合所学的知识，使用类的方式，实现将PPT中的文字提取到Word里。

（1）安装模块

在编写代码前，需要安装处理PPT和Word文档的Python模块，具体命令如下：

```
pip install python-pptx
pip install python-docx
```

（2）编写代码

通过定义PPTtoWordConverter类来实现将PPT中的文字提取到Word里的功能，具体代码如下：

```python
from pptx import Presentation
from docx import Document

class PPTtoWordConverter:
    def __init__(self, ppt_filename, word_filename):
        self.ppt_filename = ppt_filename
        self.word_filename = word_filename
    def read_ppt_and_write_to_word(self):
        ppt = Presentation(self.ppt_filename) # 读取PPT文件
        doc = Document()     # 创建一个新的Word文档
        # 遍历PPT的每一张幻灯片
        for slide_number, slide in enumerate(ppt.slides, start=1):
            for shape in slide.shapes:      # 遍历幻灯片中的每个文本框
                if hasattr(shape, "text"):  # 将文本写入Word文档
                    doc.add_paragraph(f"Slide {slide_number}, Text: {shape.text}")
        doc.save(self.word_filename) # 保存Word文档

#使用PPTtoWordConverter类
ppt_to_word_converter = PPTtoWordConverter("ppt_input.pptx", "word_output.docx")
ppt_to_word_converter.read_ppt_and_write_to_word()
```

代码第4～16行，定义了类PPTtoWordConverter。在该类里，实现了一个read_ppt_and_write_to_word()方法用于将PPT中的文字提取到Word里。在read_ppt_and_write_to_word()方法中使用了带有enumerate()函数的for循环。enumerate()函数的作用是，将“序列”类型的数据生成带序号的新序列数据。例如：

```python
x = ["hello", 5, 6]           #定义1个列表x
for i, t2 in enumerate(x):    #循环遍历enumerate后的x
    print(i, t2)              #将i、t2打印出来
```

for循环中，需要定义两个变量来接收enumerate()后的返回值：一个是元素的索引；一个是具体的元素。上例执行后输出：

```
0 hello
1 5
2 6
```

函数enumerate()与for的结合为程序提供了更大的方便性。函数enumerate()的第一个返回值在循环里同时也起到计数的作用，可以直接当作循环的次数来使用。

（3）运行程序

准备好名字为“ppt_input.pptx”的PPT文档，如图2-6（a）所示。将PPT文

档放到代码文件的同级目录下。

运行代码后，程序会输出一个名字为“word_output.docx”的文档，其内容为“ppt_input.pptx”中的文字，如图2-6（b）所示。

(a) PPT文档

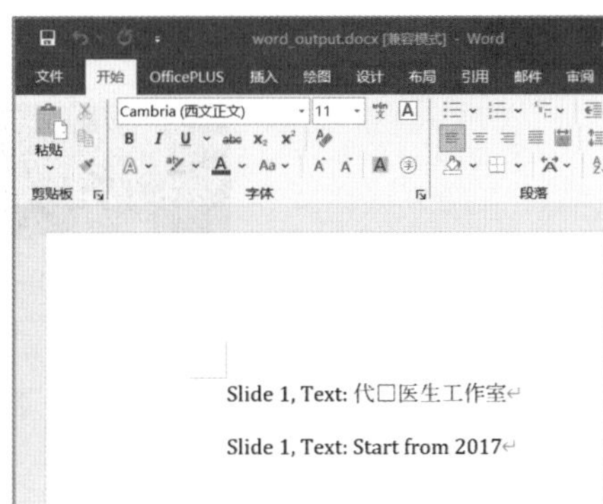

(b) Word文档

图2-6　运行结果

2.5　跟我做：3行代码实现可以上传图片的web网站

Python语言中，有很多继承了web服务器、前端代码的第三方模块，如Gradio、Plotly Dash、panel、Anvil、Streamlit、solara等。它们可以让用户非常方便地创建web网站，下面就来通过3行代码实现一个支持图片上传的web网站。

（1）安装模块

本例将使用Streamlit模块来实现。Streamlit模块封装了大量互动组件，支持大量表格、图表、数据表等对象的渲染，同时提供栅格化响应式布局。Streamlit的默认渲染语言是markdown，也支持html文本的渲染，用户可以将任何html代码嵌入到Streamlit应用中。Streamlit模块的安装命令如下：

```
pip install streamlit
```

（2）编写代码

Streamlit模块的使用也很简单，具体如下：

```
1  import streamlit as st
2  input_images = st.file_uploader("上传图片", accept_multiple_files=True)  # 支持上传多个图片
3  st.image(input_images)      # 输出图片
```

将代码文件保存为“2-5streamlit.py”。在命令行里，来到“2-5streamlit.py”所在的目录，然后输入命令：

```
streamlit run 2-5streamlit.py
```

运行后的控制台输出，如图2-7所示。

图2-7　启动Streamlit

代码运行后，系统会自动弹出一个浏览器，并显示如图2-8所示页面。

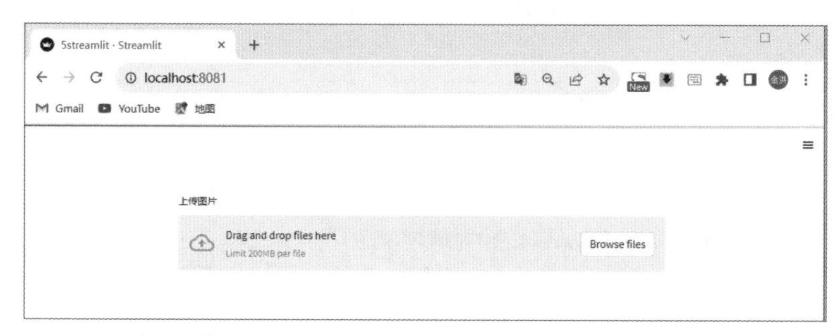

图2-8　web页面

图2-8所示的页面就是使用Streamlit模块所创建的网站，该网站可以支持上传多个图片，如图2-9所示。

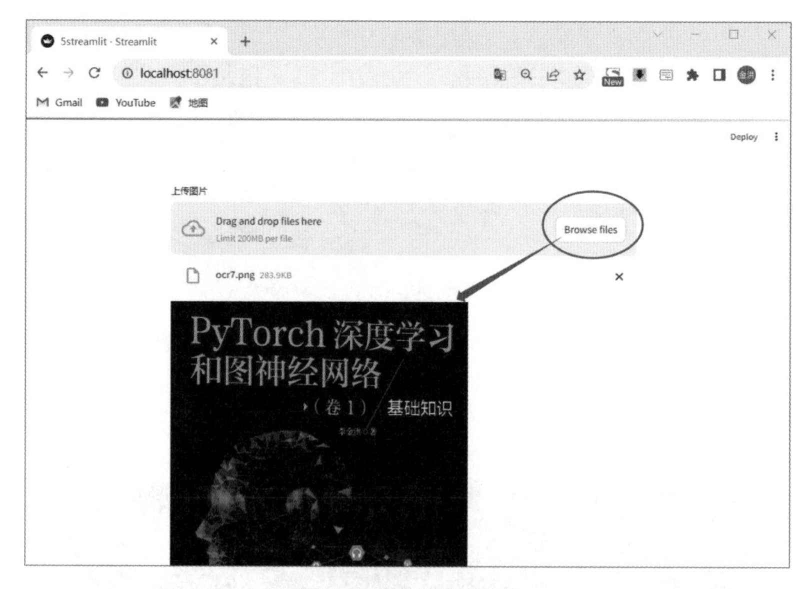

图2-9　使用web页面

有时，运行代码后会出现如图2-10所示的错误。

```
(py311) D:\project\python book>streamlit run 2-5streamlit.py
Traceback (most recent call last):
  File "<frozen runpy>", line 198, in _run_module_as_main
  File "<frozen runpy>", line 88, in _run_code
  File "d:\ProgramData\Anaconda3\envs\py311\Scripts\streamlit.exe\__main__.py", line 4, in <module>
  File "d:\ProgramData\Anaconda3\envs\py311\Lib\site-packages\streamlit\__init__.py", line 56, in <module>
    from streamlit.delta_generator import DeltaGenerator as _DeltaGenerator
  File "d:\ProgramData\Anaconda3\envs\py311\Lib\site-packages\streamlit\delta_generator.py", line 37, in <module>
    from streamlit import config, cursor, env_util, logger, runtime, type_util, util
  File "d:\ProgramData\Anaconda3\envs\py311\Lib\site-packages\streamlit\cursor.py", line 18, in <module>
    from streamlit.runtime.scriptrunner import get_script_run_ctx
  File "d:\ProgramData\Anaconda3\envs\py311\Lib\site-packages\streamlit\runtime\__init__.py", line 15, in <module>
    from streamlit.runtime.runtime import Runtime, RuntimeConfig, RuntimeState
  File "d:\ProgramData\Anaconda3\envs\py311\Lib\site-packages\streamlit\runtime\runtime.py", line 30, in <module>
    from streamlit.runtime.app_session import AppSession
  File "d:\ProgramData\Anaconda3\envs\py311\Lib\site-packages\streamlit\runtime\app_session.py", line 36, in <module>
    from streamlit.runtime import caching, legacy_caching
  File "d:\ProgramData\Anaconda3\envs\py311\Lib\site-packages\streamlit\runtime\caching\__init__.py", line 21, in <modul
e>
    from streamlit.runtime.caching.cache_data_api import (
  File "d:\ProgramData\Anaconda3\envs\py311\Lib\site-packages\streamlit\runtime\caching\cache_data_api.py", line 32, in
<module>
    from streamlit.runtime.caching.cache_errors import CacheError, CacheKeyNotFoundError
  File "d:\ProgramData\Anaconda3\envs\py311\Lib\site-packages\streamlit\runtime\caching\cache_errors.py", line 18, in <m
odule>
    from streamlit import type_util
  File "d:\ProgramData\Anaconda3\envs\py311\Lib\site-packages\streamlit\type_util.py", line 42, in <module>
    import pyarrow as pa
  File "d:\ProgramData\Anaconda3\envs\py311\Lib\site-packages\pyarrow\__init__.py", line 65, in <module>
    import pyarrow.lib as _lib
ImportError: DLL load failed while importing lib: 找不到指定的程序。
```

图2-10　Streamlit模块运行的错误

这是由于Streamlit模块内部所依赖的pyarrow模块版本不匹配导致的。使用如下命令即可修复：

```
pip install --upgrade pyarrow
```

2.5.1　跟我学：了解Python语言中变量的本质——对象

Python语言可以根据赋值的语句来自动创建对应类型的变量，它是怎么实现的呢？

Python内部使用了一个对象模型，这个对象模型用来储存变量及其对应的数据。在Python语言中，任何类型的变量都会被翻译成一个对象，这就是变量的本质。

Python内部的对象模型由3部分组成：身份、类型和值。具体意义如下。

- 身份：用来标识对象的唯一的标识。通过调用函数id()可以得到它。这个身份标识值可以被理解成该对象的内存地址。
- 类型：用来表明对象可以存放的类型。具体的类型限制了该对象保存的内容、可以进行的操作、遵循的规则。想要查看某个对象的类型可以调用函数type()。
- 值：对象所存储的具体数值。

例如，在本节2-5streamlit.py代码文件中添加代码，通过调用函数type()来查看第二行的变量input_images的类型，并用st.write()函数将其输出到页面上，完整代码如下：

```
1  import streamlit as st
2  input_images = st.file_uploader("上传图片", accept_multiple_files=True)# 支持上传多个图片
3  st.image(input_images)                                              # 输出图片
4  st.write(type(input_images))                                        # 输出input_images变量的类型
5
```

在命令行里跳转到当前文件所在目录，并输入如下命令：

```
streamlit run 2-5streamlit.py
```

代码运行后，在新生成的页面里可以看到input_images变量的类型为列表，如图2-11所示。

```
type(input_images) class builtins.list(iterable=(), /)

Built-in mutable sequence.

If no argument is given, the constructor creates a new empty list.
The argument must be an iterable if specified.
```

append method_descriptor	Append object to the end of the list.
clear method_descriptor	Remove all items from list.
copy method_descriptor	Return a shallow copy of the list.
count method_descriptor	Return number of occurrences of value.
extend method_descriptor	Extend list by appending elements from the iterable.
index method_descriptor	Return first index of value.
insert method_descriptor	Insert object before index.
pop method_descriptor	Remove and return item at index (default last).
remove method_descriptor	Remove first occurrence of value.
reverse method_descriptor	Reverse *IN PLACE*.
sort method_descriptor	Sort the list in ascending order and return None.

图2-11　input_images变量的类型

在图2-11中可以看到，系统不仅显示了input_images变量的类型，还显示了类型所包含的方法。

2.5.2 练一练：尝试使用Python语言中与类型相关的其他函数

与Python类型有关的函数除了tpye()函数，还有isinstance()函数，它可以判断当前对象是不是属于某个类型。另外还有dir()函数，它可以列出当前对象的所有方法。

```
print( isinstance(False, int))  #判断False是否是int类的一个实例对象,输
                                 出:True
print( isinstance(True, bool))  #判断True是否是bool类的一个实例对象,输
                                 出:True
```

可以仿照2.5.1节中使用tpye()函数的例子，尝试使用isinstance()函数、dir()函数，并用st.write()方法将其输出到页面上。

2.6 总结

本章通过几个例子，介绍了Python的基本语法，其中有模块的导入，有列表、元组、字符串这几个常用的数据类型以及类的相关知识。通过这些基础理论可以帮助读者更好地理解例子中的代码含义，达到举一反三的效果。接下来，可以根据本章的例子活学活用，看看自己能否完成如下挑战。

2.6.1 练一练：编写程序实现生字测试试卷

每到期末，小学生们都会对着语文书后的生字表进行生字的复习。现在学会了Python，可以通过程序帮他们提升复习效率。具体做法如下：

① 用手机拍下生字表，通过自己搭建的FTP服务器传到电脑上（或者通过搭建web服务器，进行上传）。

② 通过ocr程序将其转成文字。

③ 通过编写程序将文字转成拼音。

④ 将拼音输入到Word保存起来，并进行打印。

2.6.2 练一练：编写程序实现自动听写训练

无论是在学习生字或是学习英文单词方面，听写都是一个很高效的复习方式。但它的缺点是必须有个人负责读，才可以实现听写。现在，可以通过编写代码试一试，

使用TTS功能，将要复习的生字或英语输入进去，完成自动听写训练。

2.6.3　练一练：借助ChatGPT实现一个给小朋友读故事的机器人

将ocr和TTS功能合起来，可以实现一个讲故事机器人，具体做法如下。

① 用手机一页一页地拍下故事书，通过自己搭建的FTP服务器（也可以通过搭建web服务器的方式）传到电脑上。

② 使用ChatGPT获取一段代码，实现加载当前目录下的所有文件，如图2-12所示。

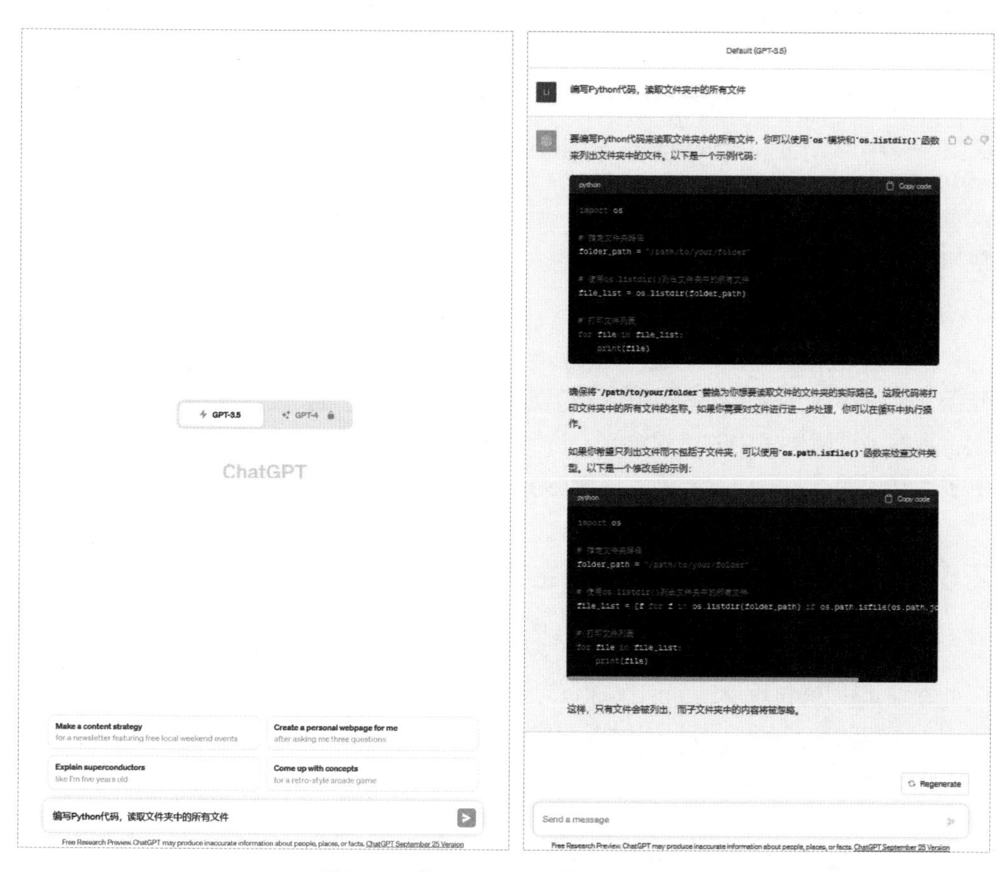

图2-12　使用ChatGPT获取一段代码

③ 使用for循环，一次读取每个文件，并通过ocr程序将其转成文字。

④ 在循环内部，使用TTS模块将ocr程序输出的文字读出来。

其中，第②步的工作不一定非得借助ChatGPT完成，所有主流的大语言模型，如天工、Claude、文心一言等都可以。图2-13就是使用天工和文心一言获得代码的截图。

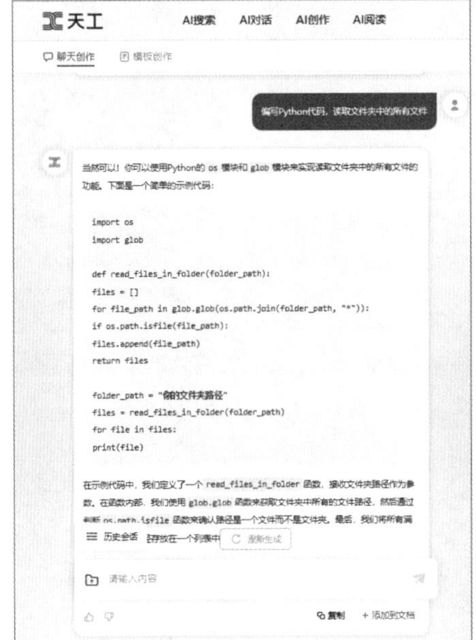

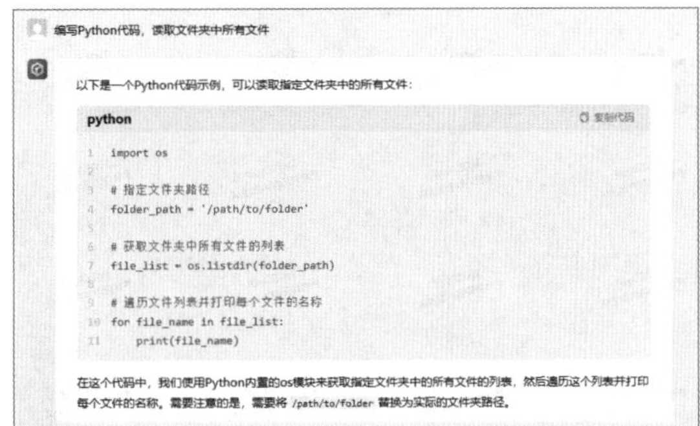

图2-13　使用大语言模型截图

第3章

用Python对接API

API的全称为应用程序接口，是一些预先定义的函数或方法，它们用于在应用程序之间进行交互和数据交换。API允许不同的应用程序相互“通话”，共享数据和功能，而无须了解彼此的内部工作原理，这使得开发人员可以构建模块化和可重用的代码，从而提高工作效率并推动创新。

在市面上以API方式提供服务的产品有很多，例如亚马逊的Amazon Web Services (AWS)、谷歌的Google Cloud Platform (GCP)、OpenAI的GPT等。本章将主要介绍使用Python对接API的相关实例。实现程序可控的聊天机器人、抠图功能、自动发送邮件以及本地部署API服务，为别人提供语音识别服务等。

3.1 跟我做：使用API接入ChatGPT——实现程序可控的聊天机器人

ChatGPT是OpenAI公司的大语言模型，通过与用户进行对话来生成连贯、智能的回复。它支持页面操作，也支持API接入的方式，提供更大的访问量和更高级的功能。

通过对接ChatGPT的API，可以非常方便地实现一个聊天机器人。具体操作如下。

（1）安装模块

要使用ChatGPT的API，首先需要安装openai模块，OpenAI公司为该模块提供了一套Python接口，开发人员需要使用OpenAI的API密钥进行访问和使用，这个API密钥可以在OpenAI的官方网站上申请。

在申请好API密钥之后，通过如下命令安装openai模块：

```
pip install openai
```

（2）编写代码

使用openai模块的第一步就是设置API密钥（见代码第3行），然后调用ChatCompletion.create()方法来定义对话的内容（见代码第4行）。具体代码如下：

```
1  import os
2  import openai
3  openai.api_key ="OPENAI_API_KEY"                #输入自己的API key
4  completion = openai.ChatCompletion.create(
5    model="gpt-3.5-turbo",                        #选择使用的模型
6    messages=[                                    #定义交谈的话
7      {"role": "system", "content": "你是一位经验丰富的程序员，擅长用创造性的思维解释复杂的编程概念。"},
8      {"role": "user", "content": "写一句话，解释编程中递归的概念。"}
9    ]
10 )
11 print(completion.choices[0].message)            #输出交谈结果
```

代码中，定义了两个角色“system”与“user”，并在“user”角色的内容中加入了所要输入的问题。代码运行后输出如下内容：

```
递归是一种编程概念，它指的是一个函数在执行过程中调用自身的能力。这允许函数解决问题时可以将其分解成更小的、相似的子问题，直到达到基本条件为止。
```

如果读者没有ChatGPT的API账号，也可以通过在本地运行大语言模型，并使用openai模块进行对接。本章会在后面的内容中介绍这部分知识。

3.1.1　跟我学：了解ChatGPT API模块的返回格式——字典类型

ChatGPT API模块是通过completion对象进行返回的。可以使用print（completion）代码，输出该对象的全部内容，具体如下：

```
{
'id': 'chatcmpl-6p9XYPYSTTRi0xEviKjjilqrWU2Ve',
'object': 'chat.completion',
'created': 1677649420,
'model': 'gpt-3.5-turbo',
'usage': {'prompt_tokens': 56, 'completion_tokens': 31, 'total_
tokens': 87},
'choices': [
  {
  'message': {
   'role': 'assistant',
    'content': '递归是一种编程概念，它指的是一个函数在执行过程中调用自身的能
力。这允许函数解决问题时可以将其分解成更小的、相似的子问题，直到达到基本条件为
止。'
   }
  }
 ]
}
```

completion对象是一个字典类型，字典是Python语言中特有的数据类型。

（1）字典类型的定义

字典类型是用大括号“{ }”括起来的，其内部的元素必须是“键-值”对（key:value）类型。另外，也可以使用dict()函数将其他变量（list或tuple）转成字典。例如：

```
# 定义一个list里面嵌套元组和list，每个嵌套的元素都是键值对形式
countlist = [('a', 1), ('b', 4), ('c', 2)]
d = dict(countlist)                 #使用dict函数将mylist转换成字典
d2 = {'a': 1, 'b': 4, 'c': 2}       #使用大括号创建字典
print(d, d2)                        #输出:{'a': 1, 'b': 4, 'c': 2}
                                     {'a': 1, 'b': 4, 'c': 2}
```

定义空字典变量的方法很简单，直接使用大括号就可以，如：mydic = { }。

（2）字典的运算

字典类型的对象要通过关键字（key）来取值，它的用法是在后面加个中括号，里面输入key的字符串。例如：

```
d2 = {'a': 1, 'b': 4, 'c': 2}  #使用大括号创建字典
print(d2['a'])                 #取出字典中key为a的值，输出：1
```

如果要在字典中更新某个key对应的值，直接将其取出来用等号赋值即可。例如：

```
d2 = {'a': 1, 'b': 4, 'c': 2}  #使用大括号创建字典
d2['a'] = 'e'                  #将字典中key为a的值赋值为"e"
print(d2['a'])                 #取出字典中key为a的值，输出：e
```

上面字典中，key为“a”的值本来为整型1，却被改成了字符型的“e”。这表明，在键值对中，值的类型是可以被任意修改的。

（3）字典的内置方法

字典更多的内置方法见表3-1。

表3-1 字典的内置方法

字典的内置方法	描述
dict.fromkeys(seq [,value])	创建一部新字典，序列seq中的元素作为字典的键，value（可选）作为字典所有键对应的初始值
dict.get(key[, default=None])	返回指定键key的值。如果key不在字典中，则返回default值(默认为none)
dict.setdefault(key, default=None)	与get类似，但如果键不存在于字典中，将会添加键并将键值设为default
del	删除字典中指定了key值的键值对
dict.clear()	清空字典中的所有元素
dict.items()	以列表方式返回可遍历的（键，值）元组数组
len(dict)	返回字典中元素的个数
in	判断某个key是否在字典里，返回bool类型
not in	判断某个key不在字典里，返回bool类型
dict.keys()	以列表方式返回一个字典中所有的键
dict.values()	以列表方式返回字典中的所有值
dict.update(dict1)	把字典dict1的“键-值”对更新到dict里。无返回值（参数dict1也可以是含有多个二元组的列表）

3.1.2 跟我学：了解openai模块的更多功能

在引入openai之后，使用如下代码，即可看到openai中所支持的所有模型。

```
openai.Model.list()
```

该代码运行之后输出结果如下：

```
{
 "object": "list",
 "data": [
  {
   "id": "text-search-babbage-doc-001",
   "object": "model",
   "created": 1651172509,
   "owned_by": "openai-dev",
   "permission": [
    {
     "id": "modelperm-s9n5HnzbtVn7kNc5TIZWiCFS",
     "object": "model_permission",
     "created": 1695933794,
     "allow_create_engine": false,
     "allow_sampling": true,
     "allow_logprobs": true,
     "allow_search_indices": true,
     "allow_view": true,
     "allow_fine_tuning": false,
     "organization": "*",
     "group": null,
     "is_blocking": false
    }
   ],
   "root": "text-search-babbage-doc-001",
   "parent": null
……
```

这些输出的结果是模型的详细信息，主要涉及音频、聊天、微调、文件、图像等领域。可以使用代码：len(openai.Model.list()[“data”])来计算模型总个数。

3.1.3 跟我学：了解更多国内AIGC大模型平台所提供的API服务

AIGC(Artificial Intelligence Generated Content，人工智能生成内容)是一种基于人工智能技术的内容创作方式，可以通过训练大量的数据，学习人类语言的模式和特征，并生成各种内容，如文本、图像、语音等。AIGC具有高效、快速和可扩展性等特点，并且能够生成具有自然语言和创意性的内容。AIGC的分支包括AI绘画、AI写作等，2022年的高速发展得益于深度学习模型的完善、开源模式的推动以及大模型探索商业化的可能。

相对于ChatGPT对用户的各种限制，国内大模型平台使用起来会更加方便，例如百度公司的千帆大模型平台、清华智普的大模型平台，还有阿里云的通义千问平台、科大讯飞的讯飞星火认知大模型平台等多家大模型平台都提供了多种AIGC模型的接入服务，既支持直接使用，也支持API调用。其中，清华智普的大模型平台和讯飞星火认知大模型平台提供免费试用API，千帆大模型平台和通义千问平台的API需要付费使用。下面以千帆大模型平台和清华智普的大模型平台为例，对其进行简单的介绍。

（1）了解千帆大模型平台

在使用百度网站的用户名密码登录之后，可以通过如下路径访问千帆大模型平台：

```
域名为console.bce.baidu.com网站下的qianfan/overview路径。
```

该页面打开后的界面如图3-1所示。

千帆大模型平台提供了4种模型的使用场景，其中大模型直接调用是使用大模型的主要入口，也是最常用的场景，用户可以在里面选择指定的大模型进行购买和使用；而大模型优化训练则是专业人士用来训练自己的大模型；Prompt工程是为了方便用户使用，提供的一些与大模型对话的模板；插件应用是用于开发者基于大模型能力创建插件应用的服务。

点击图3-1中的第一个场景“大模型直接调用”后，便可以进入模型广场页面，如图3-2所示。

在该页面可以看到千帆大模型平台提供很多大模型方便用户选择，其中以百度自研的大模型ERNIE为主，同时还包含了很多开源的免费大模型，例如Llama系列、

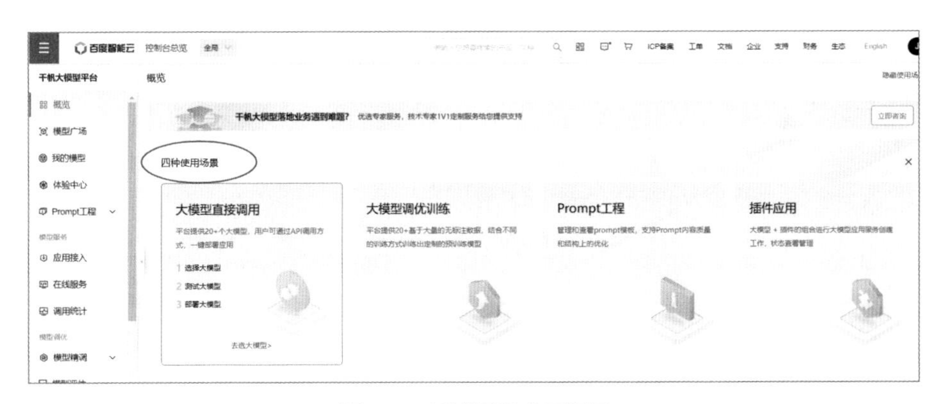

图3-1 4种模型的使用场景

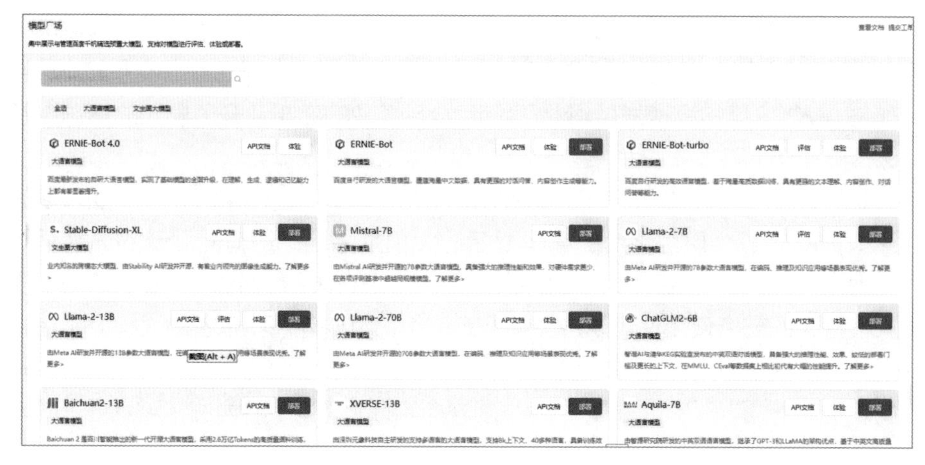

图3-2　模型广场

Stable-Diffusion系列。每个模型都有对应的API文档，用户可以通过该文档实现接入模型的服务。

大模型技术是当今最热门的AI技术，其变化也非常地快，从百度千帆大模型平台上所提供的选择模型来看，其主要目的还是重点推广自家模型。其平台上所部署的其他可选大模型相对于最新的前沿技术有些滞后，如果想使用最新的主流开源大模型，建议独立部署比较好。

（2）了解清华智普的大模型平台

清华智普的大模型平台官网同样需要注册、登录之后才能使用。相对百度的千帆大模型平台而言，平台的操作更为简洁，而且可以申请试用的API key进行体验。

在登录网站之后，按照提示向导可以在左边菜单“账户管理”的子菜单“API keys”中，创建一个API key，如图3-3所示。

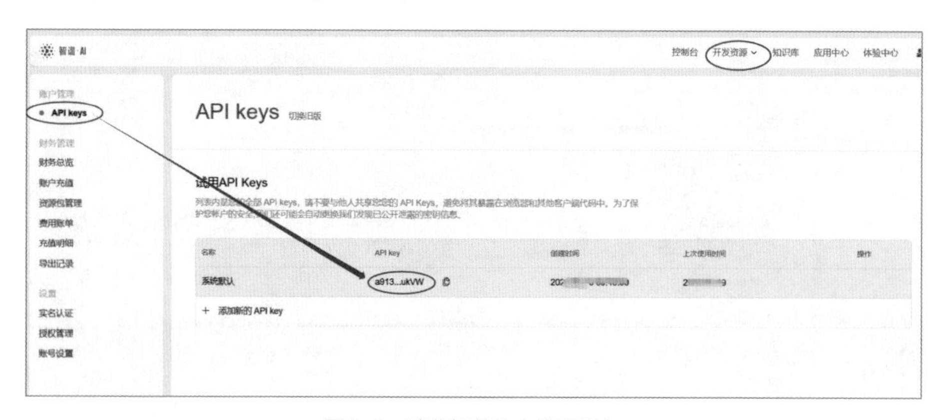

图3-3　清华智普的大模型平台

点击右上角的“开发资源”菜单后可以找到API说明文档。该文档里记录着非常详细的使用说明及Python代码（读者可以自行学习，这里不再详述），如图3-4所示。

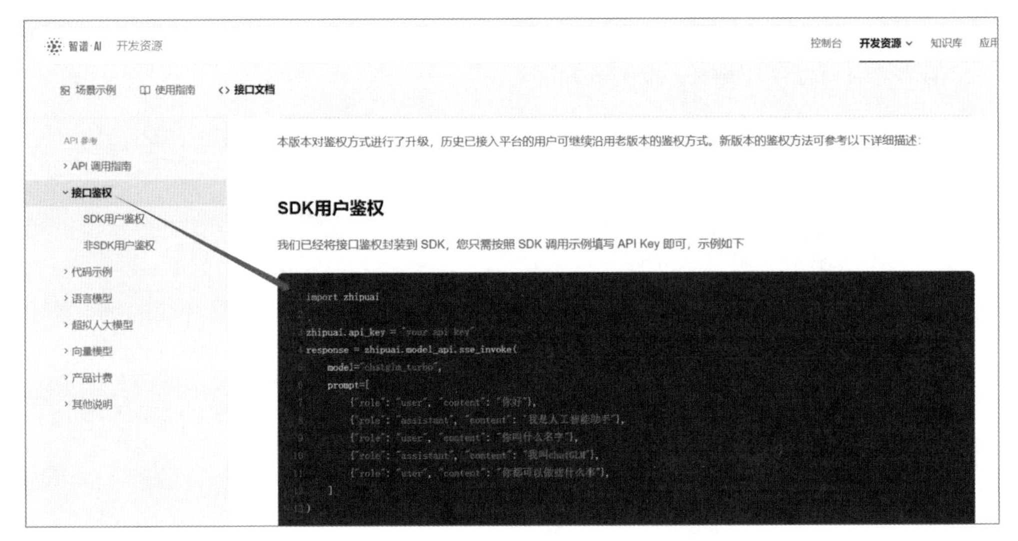

图3-4 清华智普的大模型平台API文档

3.2 跟我做：3行代码实现抠图功能

抠图是一种图像处理技术，其目的是将图像中的某个部分与背景分离，以便进一步处理或合成。这种技术经常在图像编辑、广告制作、影视特效、数字绘画等领域中应用。

比如在广告制作中，设计师可能需要将产品从原始背景中抠出来，然后将其放置在一个新的背景中，以实现更吸引人的视觉效果。在影视特效制作中，抠图可以用来将演员或物体从拍摄场景中移除，然后添加数字背景或特效。在数字绘画中，艺术家可以使用抠图技术来分离不同的元素，以便进行更细致的绘制和修饰。

此外，抠图也常用于修复老旧照片、修复破损区域、改变人物衣服颜色等任务中。总的来说，只要有需要将图像中的某个部分与背景分离的需求，就可以使用抠图技术。

（1）安装模块

本节将使用removebg模块的抠图能力。removebg是一个利用AI智能抠图的网站，提供了API接口，可以直接调用并实现抠图，每月有50次免费使用机会，使用前需要去官网注册并获取API密钥。removebg模块的安装命令如下：

```
pip install removebg
```

有关API的密钥申请，可以登录官网的API路径下进行操作。

（2）编写代码

removebg模块支持3个抠图的方法：

- remove_background_from_img_file()：通过去除图片文件中的背景，实现抠图功能。
- remove_background_from_img_url()：通过去除图片链接中的背景，实现抠图功能。
- remove_background_from_base64_img()：通过去除图片base64格式数据中的背景，实现抠图功能。

这里使用第一种，将本地图片“me_Crop.png”［如图3-5（a）所示］中的人物抠取出来。

(a) 待抠图的图片

(b) 抠图后的图片

图3-5　抠图功能

具体编码如下：

```
1  from removebg import RemoveBg
2  rmbg = RemoveBg("API-KEY", "error.log")          # 将API-KEY替换成自己的API密钥
3  rmbg.remove_background_from_img_file("me_Crop.png")       # 输入图片，进行抠图
```

在实际操作中，需要将代码第2行中的API-KEY换成自己的API密钥。代码运行后可以看到，在本地目录下生成一个名字为“me_Crop.png_no_bg.png”的图片，如图3-5（b）所示。

3.2.1　跟我学：基于网络请求的方法调用API

如果不想使用removebg模块实现抠图，还可以采用基于网络请求的方法来实现。具体做法如下。

（1）安装模块

本节将使用requests模块来实现网络请求功能。Requests模块是一个非常流行和强大的HTTP库。它使用简单且友好的API封装了Python的HTTP客户端功能，可以让我们通过几行简单的代码就可以发送HTTP请求并获取响应。具体安装命令如下：

```
pip install requests
```

（2）编写代码

Removebg提供了使用POST方法进行请求的调用服务，在发送请求时，需要传入待处理的图片和API密钥。

在编写代码时，可以使用requests模块中所提供的、支持POST网络请求的API，并将返回结果保存到图片文件中。具体代码如下：

```
1  import requests
2  response = requests.post('https://api.remove.bg/v1.0/removebg',      #请求的网址
3                      files={'image_file': open('me_Crop.png', 'rb')}, #待处理的图片
4                      data={'size': 'auto'},                     #设置尺寸参数为自动调整
5                      headers={'X-Api-Key': "API-KEY" },) #将API-KEY替换成自己的API密钥
6
7  if response.status_code == requests.codes.ok:                  #当请求结果返回为ok时
8      with open('me_Crop.png_no_bg.png', 'wb') as out:           #保存返回的图片
9          out.write(response.content)
10 else:
11     print("Error:", response.status_code, response.text)
```

代码运行后，系统在本地目录下生成一个名字为“me_Crop.png_no_bg.png”的图片，如图3-5（b）所示。

3.2.2　练一练：利用网络请求调用API的方式实现将人物照片转成动漫

使用requests模块以网络请求的方式调用API，是比较主流的方法之一。在很多对外提供API的平台上都可以找到相关的接口。例如，在百度的AI开放平台上点击“人像动漫化”按钮（图3-6），便可以来到将人物照片转成动漫功能的

API页面（图3-7）。

在图3-7中，右侧部分列出了使用网络请求调用该API时所需要的参数。用户需要注册一个账号，并申请开通服务后获得access_token，通过该access_token来使用。每个新账号可享500次免费测试资源。

读者可以根据该网页说明，尝试对接其API，实现将人物照片转成动漫的功能。

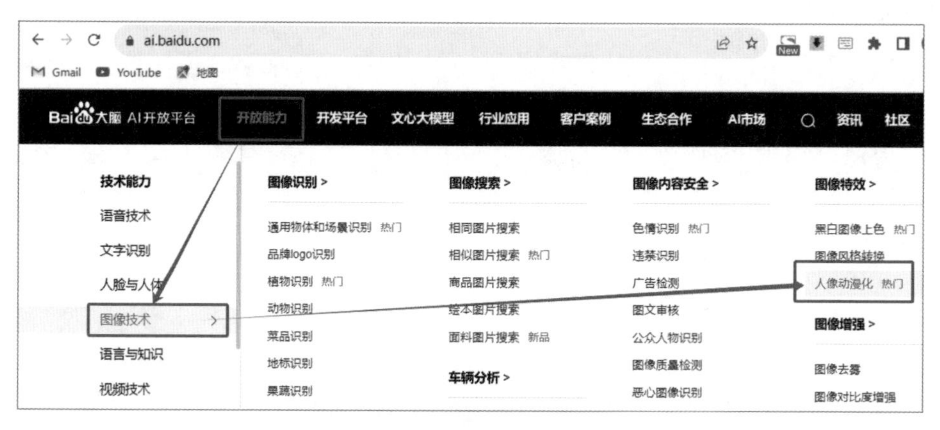

图3-6　人像动漫化入口

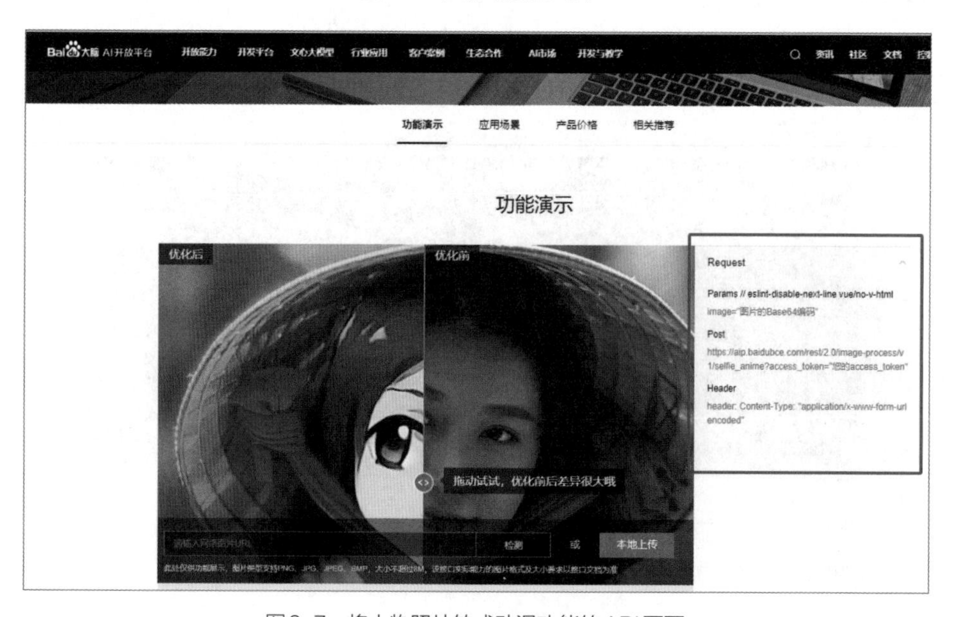

图3-7　将人物照片转成动漫功能的API页面

百度的AI开放平台的API所交互的图片是以Base64编码格式进行的。必须先将图片转成Base64编码之后才能进行网络传输。有关Base64编码的详细介绍可以参考3.4.3小节。

3.2.3 跟我学：用Python语言对文件进行操作

文件的操作有很多种，例如：创建、删除、修改权限、写入、读取等。

- 删除、修改权限等，作用于文件本身，属于系统级操作。
- 写入、读取：是文件最常用的操作，作用于文件的内容，属于应用级操作。

文件的系统级操作功能单一，容易实现。编码时，可以导入Python中的专用模块（os、sys等），并调用模块中的指定函数来实现。例如，假设代码的同级目录下有个文件“a.txt”，可以直接调用os模块下的remove函数将其删除，具体代码如下：

```
import os
os.remove('a.txt')                    #删除文件a.txt
```

执行代码后，本地的a.txt文件将会被删掉。

对于文件的应用级操作，是有固定步骤的，实现起来相对复杂。下面重点讲解文件应用级操作的细节。

（1）读写文件的一般步骤

读写文件可以分为3步，每一步有对应的函数。

① 打开文件：使用open()函数，返回的是一个文件对象。

② 具体读写：使用该文件对象的read、write等方法。

③ 关闭文件：使用该文件对象的close方法。

一个文件，必须在打开之后才可以对其进行操作，并在操作结束之后将其关闭，这三步的顺序不能打乱。下面就来介绍相关函数的使用方法及细节。

（2）打开文件

打开文件是文件读写操作的第一步，使用的是open()函数，具体定义如下：

```
open（文件名，mode）
```

函数中有两个参数。

- 文件名：属于字符串类型。使用时要注意转义问题，尽可能使用源字符串（以r开头的字符串）。
- mode：是指打开文件的方式，包括只读、只写、读写、二进制等。如果不指定mode参数，文件将默认以“只读”模式打开。

函数open()的返回值是一个文件对象。该对象中封装了文件的各种操作。

① 函数open()中的模式介绍。在open()函数中，参数mode起主要作用。它决定了文件的打开模式。具体如下：

- r：只读。文件必须存在。
- w：只写。如果文件已存在，则将其覆盖。如果该文件不存在，则创建新文件。
- +：读写（不能单独使用）。
- a：以只写的方式打开文件，用于在文件后追加内容。如果文件不存在，则创建新文件。
- b：以二进制模式打开（不能单独使用）。

在上面列出的mode值中，只有w和a可以创建文件。在实际应用中，这些mode值还可以组合使用，即同时使用多种模式来操作文件。调用open()函数时，传入mode的常用值有r、w、r+、w+、rb、wb、rb+、wb+、a、a+、ab、ab+。

r+、w+、a+都是可读写的意思。三者的区别是：

- r+：读写。文件必须存在。当写入时，会清空原内容。
- w+：读写。如果该文件不存在，则创建新文件。如果文件已存在，则清空原有内容。
- a+：读写。如果文件不存在，则创建新文件。如果文件已存在，则在文件后面追加内容。

通常情况下，文件都是以文本模式（text mode）打开的。即从文件中读写的是以一种特定的编码格式（默认的是UTF-8）进行编码的字符串。如果文件以二进制模式（binary mode）打开，则数据将以字节对象的形式进行读写。

② 文本模式与二进制模式的区别。文本模式与二进制模式的区别如下：

- 在Windows系统中，文本模式下，默认是将Windows平台的行末标识符 \r\n 在读取操作时转为\n ，而在写入操作时将 \n 转为 \r\n 。这种隐藏的行为对于文本文件是没有问题的，但如果以文本模式打开二进制数据文件（如JPEG 或 EXE）则会发生问题，因为它改变了具体内容。
- 在Unix/Linux系统中，行末标识符为 \n，即文件以 \n 代表换行。所以，在Unix/Linux系统中文本模式和二进制模式并无区别。

③ 函数open()的返回对象。函数open()的返回值是由打开模式决定的，具体如下：

- 文本模式：返回TextIOWrapper对象。

- 读取二进制模式：即“r+b”模式，返回BufferedReader对象。
- 写入和追加二进制模式：即“w+b”“a+b”模式，返回BufferedWriter对象。
- 读/写模式：即含有符号“+”的打开模式，返回BufferedRandom对象。

(3) 具体读写

通过open()函数得到文件对象后，就可以对文件进行操作了。最常用的方式是读和写。下面分别举例。

① 读取文件。通过调用文件对象的read方法可以获得文件的内容。

比如，在代码的同级目录下新建一个文本文件，名为“a.txt”，并向“a.txt”中写入字符“abcd”。可以通过如下代码读出其中的内容：

```
f = open('a.txt','r')        #以只读方式打开文件
s = f.read()                 #读取文件内容，并将返回的字符串赋值给s
print(s)                     #将文件内容s打印，输出：abcd
```

文件对象f的read方法，会将文件的全部内容一次性读取到内存中。

② 写入文件。将字符串写入文件，可以调用文件对象的write方法。

比如，在代码的同级目录下新建一个文本文件“a.txt”。可以通过如下代码向文件中写入字符“efgh”。

```
f = open('a.txt','w')          #以写入的方式打开文件
f.write('efgh')                #写入efgh
f = open('a.txt','r')          #以只读的方式打开文件
s = f.read()                   #读取文件内容，并将返回的字符串赋值给s
print(s)                       #将文件内容s打印，输出：efgh
```

代码的前两行完成了一个打开文件并写入内容的操作。后三行则将文件内容读入内存，并显示出来。

屏幕输出了efgh，与写入的内容完全相同。

如果文件是以二进制形式打开的，则只能以二进制形式写入，否则会报错。例如：

```
f = open('a.txt','wb+')         #以二进制形式打开一个文件
f.write('I like Python!')  #以文本的方式向该文件写入数据，会报错
```

上面的代码中，先以二进制形式打开一个文件，接着以文本的方式向该文件中写入一个字符串。这样会报错。写入时，必须将字符串转成二进制数。正确的写法如下：

```
f = open('a.txt','wb+')
f.write(b'I like Python!') #正确的写法是，以bytes对象的形式进行读写
```

上面代码中，在字符串前面加一个b，代表该字符串是二进制形式。这时再通过write()进行写入，则成功。

关于文件的读写远不止read()与write()函数。

（4）关闭文件

直接使用文件对象的close方法可关闭文件。文件在打开并操作完事之后，需要及时关闭，否则会给程序带来好多无法预知的错误。

例如，对一个没有关闭的文件进行删除操作，会失败。代码如下：

```
import os
f = open('a.txt','wb+')        #以二进制形式打开一个文件
f.write(b'I like Python!') #以二进制形式进行写入
os.remove('a.txt')             #要删除文件a.txt，但是该文件还没有被关闭
```

文件还没有进行关闭，是无法被删除的。上面代码执行后，会提示如下错误：

```
PermissionError: [WinError 32] 另一个程序正在使用此文件，进程无法访问。:
'a.txt'
```

同时，可以看到当前代码的同级目录下生成了一个a.txt文件，但是打开该文件会发现其中并没有内容。这表明文件对象的write方法只是把当前的内容缓存到了内存里，并没有真正写入到文件。

如果加上一句close再执行，就会看到文件a.txt中有了内容。具体代码如下：

```
f = open('a.txt','wb+')              #以二进制形式打开一个文件
f.write(b'I like Python!')           #以二进制形式进行写入
f.close()                            #关闭文件
```

上面代码执行后，再打开当前代码的同级目录下的a.txt文件，发现里面已经有内容了。这表明在调用close时，系统自动将缓存里的内容写进了文件。

3.2.4　跟我学：使用with语句简化代码

在Python编程中，有很多代码流程都与文件操作的步骤类似。如果将操作文件看作一个任务，该任务具有事先、事中、事后明显的三个阶段。即事先需打开文件（open），事中需进行文件操作，事后需关闭文件（close）。

Python中内置了with语句，可以使代码更加简化。with语句适用于类似文件操作的这种（具有事先、事中、事后三个明显阶段）任务。

使用with语法时，只需关心事先、事中的事情，可以不关心事后的事情。with语句可以让文件对象在使用后被正常关闭。

with语句的写法如下：

```
with 表达式 as 变量
    具体的操作语句
```

其中，表达式就是open()函数，as后面的变量就是open返回的文件类型。例如：

```
with open('a.txt','r+') as f:       #打开文件
  for line in f:                    #直接使用for循环读取文件
     print(line)                    #将内容打印出来
```

3.2.5 跟我做：本地部署抠图模型

使用网络API的好处是方便简洁，但不足之处在于必须受限于人，而且还高度依赖网络环境。如果长期使用，可以优先考虑本地部署一套抠图模型实现网络API的功能。

本例使用GitHub上大名鼎鼎的MODNet模型进行演示。具体做法如下：

（1）选择指定的版本

在GitHub网站上找到MODNet模型的主页，可以看到MODNet提供了3种版本的模型，如图3-8所示。

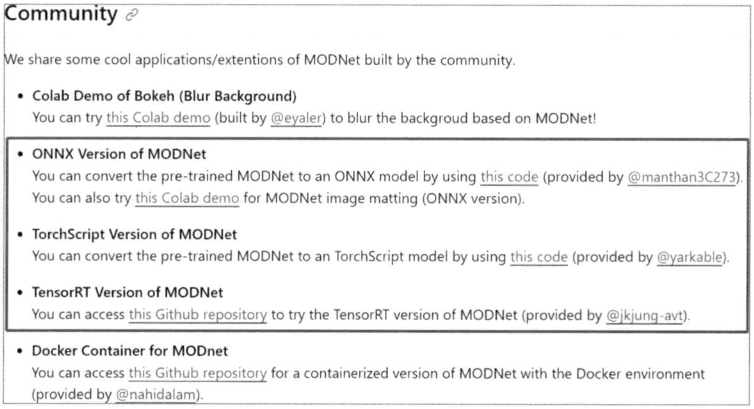

Community

We share some cool applications/extentions of MODNet built by the community.

- Colab Demo of Bokeh (Blur Background)
  You can try this Colab demo (built by @eyaler) to blur the backgroud based on MODNet!
- ONNX Version of MODNet
  You can convert the pre-trained MODNet to an ONNX model by using this code (provided by @manthan3C273).
  You can also try this Colab demo for MODNet image matting (ONNX version).
- TorchScript Version of MODNet
  You can convert the pre-trained MODNet to an TorchScript model by using this code (provided by @yarkable).
- TensorRT Version of MODNet
  You can access this Github repository to try the TensorRT version of MODNet (provided by @jkjung-avt).
- Docker Container for MODnet
  You can access this Github repository for a containerized version of MODNet with the Docker environment (provided by @nahidalam).

图3-8 MODNet模型的三种版本

这三种版本的详细解释如下：

- ONNX（Open Neural Network Exchange）是一种开放的模型交换格式，可以让你在不同的深度学习框架之间迁移模型。
- TorchScript是PyTorch提供的一种方式，可以将深度学习模型编译成TorchScript模块，以便在不需要Python解释器的情况下运行。这可以大大提高模型的推理速度和可移植性。
- TensorRT是NVIDIA开发的一个深度学习推理优化器和运行时库。它可以将深度学习模型优化为高效的执行计划，并提供了低延迟、高吞吐率的部署推理。TensorRT可以优化几乎所有的深度学习框架，包括TensorFlow、Caffe、Mxnet和PyTorch等。

（2）根据版本完成配置

图3-8中的这三个版本都有对应的英文介绍和代码链接，任意打开一个，并按照里面的设置即可完成抠图功能。这里以ONNX为例，点开该说明中的“this code”链接，会看到如图3-9所示的内容。

从图3-9上可以明显看到，该说明给出了清晰的4个步骤：

① 下载MODNet的原始模型，并放到工程代码的MODNet/pretrained/中；

② 安装模型所依赖的模块；

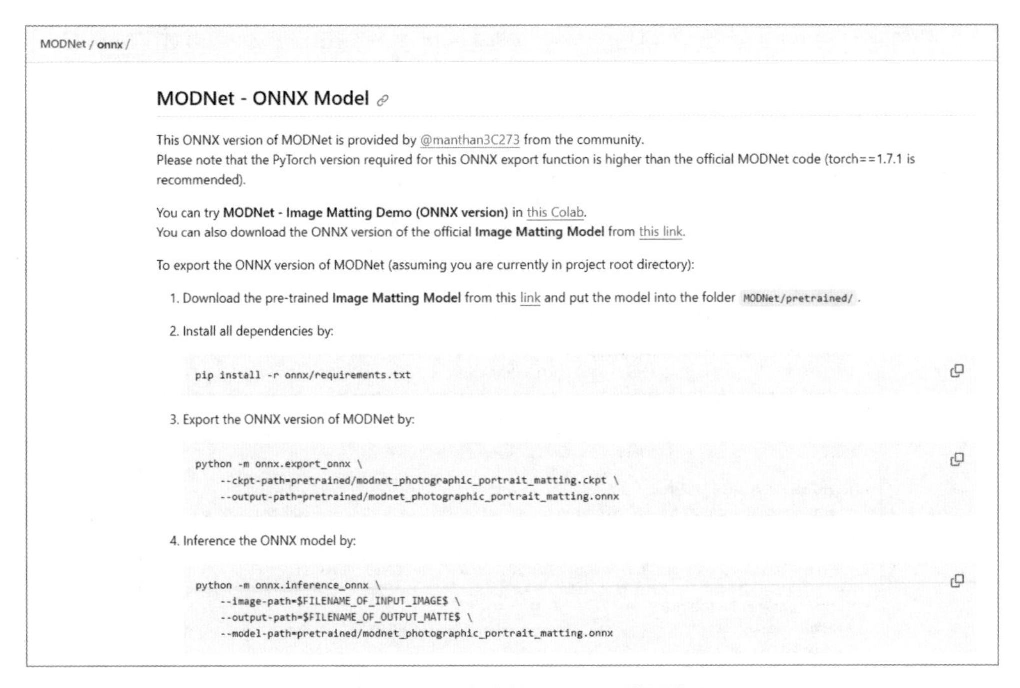

图3-9　ONNX版本的MODNet模型说明

③ 将MODNet的原始模型转化成ONNX模型；

④ 在命令行里使用命令，指定输入和输出图片文件名，并调用MODNet模型进行抠图。

第②步安装模型所依赖的模块时，最好重新建一个虚环境，并在这个新的虚环境上安装。否则有可能会出现某个指定版本与本地版本不兼容的情况，导致安装失败。

3.3 跟我做：4行代码下载任意视频

本例将使用yt-dlp模块完成一个下载视频的任务。yt-dlp是一个免费且开源的软件项目，是基于已停止维护的youtube-dlc项目而创建的（作为其分支）。yt-dlp基于流行的YouTube下载器youtube-dlc。该软件主要用于从YouTube、Vimeo和其他类似网站下载视频。

（1）安装模块

Yt-dlp聚合了下载优化、视频选择、格式设置在内的强大功能。它允许用户使用自己的账户密码进行登录，并优化网络设置，以实现稳定的下载。它还可以下载限区视频，从列表和频道选择性下载也更灵活。下载过程中，用户可以自由选择视频质量和只下载部分格式等。下载完成后，yt-dlp会自动管理文件。它同时支持下载视频外的附件，如字幕等。此外，yt-dlp内置了广泛的错误处理机制，如重试和证书跳过等，可有效提升成功率。安装命令如下：

```
pip install yt-dlp
```

在使用yt-dlp之前，强烈建议安装依赖项FFmpeg和FFprobe。二者的作用如下。

- FFmpeg是处理视频、音频和其他多媒体文件的多媒体框架。yt-dlp 使用它执行各种多媒体操作，包括合并不同格式的视频或音频文件。没有它，yt-dlp 将无法合并所请求的格式。例如，可能下载一个没有音频的1080p视频。
- FFprobe是随FFmpeg一起提供的命令行工具。FFprobe用于分析和从多媒体文件（如视频和音频）中提取信息。Yt-dlp需要使用FFprobe从正在下载的多媒体文件中提取元数据。这些元数据包括视频或音频编解码器、分辨率、持续时间、比特率和其他有关多媒体文件的技术细节等信息。如果没有FFprobe，yt-dlp 将无法提取这些元数据，并且它的某些功能可能无法正常工作。

打开FFmpeg的官网，选择相应的软件平台（例如：Windows），直接下载即可（图3-10）。

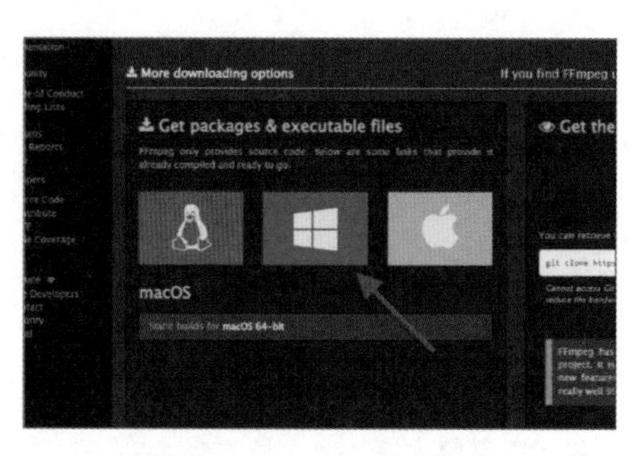

图3-10　FFmpeg主页

在安装完FFmpeg之后，需要手动将FFmpeg和FFprobe的二进制路径添加到环境变量里，以便系统能够找到。例如，将FFmpeg安装到C://PATH_Programs-ytdlp路径下，如图3-11所示。

在Windows任务栏左下角的搜索栏中，输入“path”，进入到“系统属性”窗口，如图3-12所示。

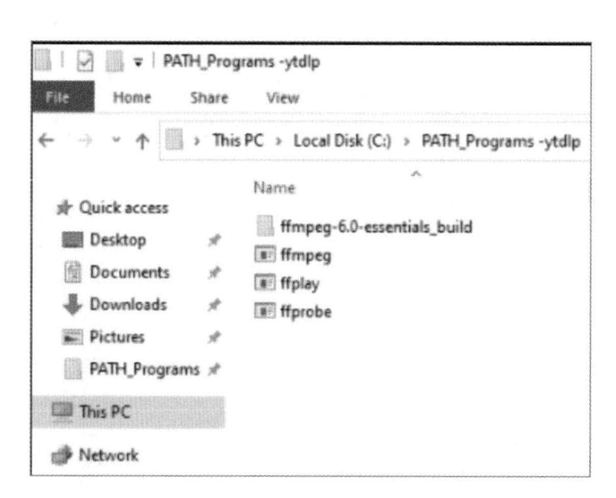

图3-11　FFmpeg路径图

图3-12　“系统属性”窗口

在“系统属性”窗口上点击“高级”选项卡，再点击“环境变量”按钮。来到“环境变量”窗口，如图3-13所示。选择列表中的“Path”项，然后单击“编辑”按钮。来到“编辑环境变量”窗口，按照图3-14中的1、2、3顺序依次操作，完成将FFmpeg的路径写入环境变量的操作。

可以在命令行里输入FFmpeg，如果显示如图3-15所示界面，则表明安装成功。

yt-dlp的使用方式有两种，通过命令行进行调用和通过代码进行调用。

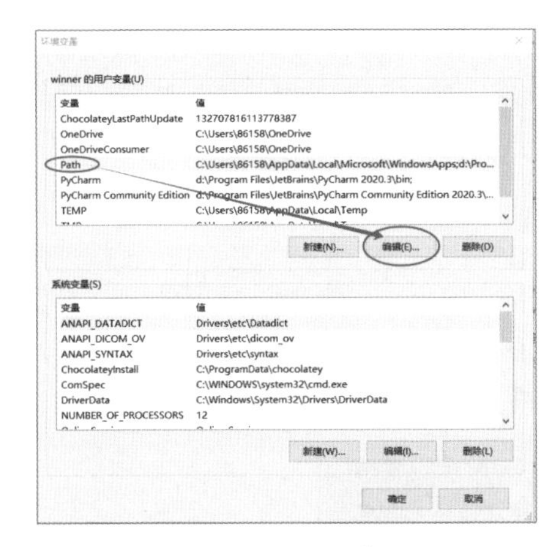

图3-13　“环境变量”窗口

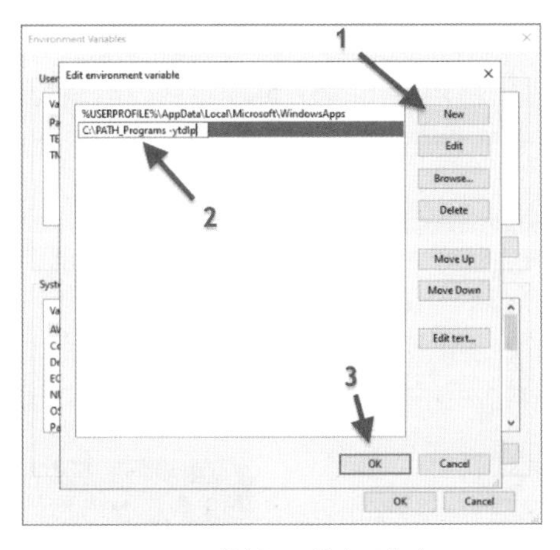

图3-14　“编辑环境变量”窗口

```
C:\Users\86158>FFmpeg
ffmpeg version N-110642-g6b2ae90411-20230516 Copyright (c) 2000-2023 the FFmpeg developers
  built with gcc 12.2.0 (crosstool-NG 1.25.0.152_89671bf)
  configuration: --prefix=/ffbuild/prefix --pkg-config-flags=--static --pkg-config=pkg-config --cross-prefix=x86_64-w64-
mingw32- --arch=x86_64 --target-os=mingw32 --enable-gpl --enable-version3 --disable-debug --enable-shared --disable-stat
ic --disable-w32threads --enable-pthreads --enable-iconv --enable-libxml2 --enable-zlib --enable-libfreetype --enable-li
bfribidi --enable-gmp --enable-lzma --enable-fontconfig --enable-libvorbis --enable-opencl --disable-libpulse --enable-l
ibvmaf --disable-libxcb --disable-xlib --enable-amf --enable-libaom --enable-libaribb24 --enable-avisynth --enable-chrom
aprint --enable-libdav1d --enable-libdavs2 --disable-libfdk-aac --enable-ffnvcodec --enable-cuda-llvm --enable-frei0r --
enable-libgme --enable-libkvazaar --enable-libass --enable-libbluray --enable-libjxl --enable-libmp3lame --enable-libopu
s --enable-librist --enable-libssh --enable-libtheora --enable-libvpx --enable-libwebp --enable-lv2 --disable-libmfx --e
nable-libvpl --enable-openal --enable-libopencore-amrnb --enable-libopencore-amrwb --enable-libopenh264 --enable-libopen
jpeg --enable-libopenmpt --enable-librav1e --enable-librubberband --enable-schannel --enable-sdl2 --enable-libsoxr --ena
ble-libsrt --enable-libsvtav1 --enable-libtwolame --enable-libuavs3d --disable-libdrm --disable-vaapi --enable-libvidsta
b --enable-vulkan --enable-libshaderc --enable-libplacebo --enable-libx264 --enable-libx265 --enable-libxavs2 --enable-l
ibxvid --enable-libzimg --enable-libzvbi --extra-cflags=-DLIBTWOLAME_STATIC --extra-cxxflags= --extra-ldflags=-pthread -
-extra-ldexeflags= --extra-libs=-lgomp --extra-version=20230516
```

图3-15　验证FFmpeg安装成功

（2）命令行方式使用yt-dlp

在命令行下，输入yt-dlp 后面跟着所要下载视频的地址（例如B站或YouTube里的链接）即可。该命令默认是下载清晰度最高的视频。如图3-16所示。

```
(py311) C:\Users\86158>yt-dlp https://www.bilibili.com/video/BV        N/?spm_id_from=333.     top_right_bar_window_cus
tom_collection.content.click&vd_source=000544ee      1f5bc6f3a380e7ecc5e
[BiliBili] Extracting URL: https://www.bilibili.com/video/BV        7ZN/?spm_id_from=333.1007 top_right_bar_window_custom
_collection.content.click
[BiliBili] 1sh41157ZN: Downloading webpage
[BiliBili] BV          ZN: Extracting videos in anthology
[BiliBili] Format(s) 1080P 高清, 720P 高清, 1080P 60帧 are missing; you have to login or become premium member to downlo
ad them. Use --cookies-from-browser or --cookies for the authentication. See  https://github.com/yt-dlp/yt-dlp/wiki/FAQ#
how-do-i-pass-cookies-to-yt-dlp  for how to manually pass cookies
[BiliBili] 228465662: Extracting chapters
[info] BV1sh41157ZN: Downloading 1 format(s): 30033+30280
[download] Destination:                                          运用～ [BV          ZN].f30033.mp4
[download] 100% of  662.96KiB in 00:00:00 at 1.59MiB/s
[download] Destination:                                          运用～ [BV          ZN].f30280.m4a
[download] 100% of  375.06KiB in 00:00:00 at 901.13KiB/s
[Merger] Merging formats into "                                  合运用～ [BV          ZN].mp4"
```

图3-16　下载视频

图3-16中，标注1的部分意思是系统没有找到该URL对应的高清视频，这种情况需要使用某视频平台的会员进行鉴权后才可以访问。标注2的部分是系统下载了一个非高清的音视频过程，分别为mp4和m4a文件，接着将它们合并成mp4文件，完

成下载任务。

① 使用会员鉴权的方式下载高清视频。假设用户已经在本地的chrome浏览器内登录了自己的会员账号，则可以使用如下命令进行下载：

```
yt-dlp --cookies-from-browser chrome  视频链接
```

该命令执行后，系统会弹出验证框，如图3-17所示，待验证之后便可以下载。

② 手动选择合适的视频进行下载。如果没有会员，则可以使用“-F”+“URL”命令检查一下，该URL中有哪些可以下载的视频或音频，如图3-18所示。

图3-17　验证框

```
(py311) C:\Users\86158>yt-dlp -F https://www.bilibili.com/video/B
[BiliBili] Extracting URL: https://www.bilibili.com/video/BV N
[BiliBili] 1sh41157ZN: Downloading webpage
[BiliBili] BV : Extracting videos in anthology
[BiliBili] Format(s) 1080P 高清, 720P 高清, 1080P 60帧 are missing; you have to login or become premium member to downlo
ad them. Use --cookies-from-browser or --cookies for the authentication. See  https://github.com/yt-dlp/yt-dlp/wiki/FAQ#
how-do-i-pass-cookies-to-yt-dlp  for how to manually pass cookies
[BiliBili] 228465662: Extracting chapters
[info] Available formats for BV1sh41157ZN:
ID    EXT RESOLUTION FPS |   FILESIZE  TBR PROTO | VCODEC          VBR ACODEC      ABR
--------------------------------------------------------------------------------------
30216 m4a audio only     | ≈169.85KiB  45k https | audio only          mp4a.40.5    45k
30232 m4a audio only     | ≈384.94KiB 102k https | audio only          mp4a.40.2   102k
30280 m4a audio only     | ≈384.94KiB 102k https | audio only          mp4a.40.2   102k
30016 mp4 360x640     29 | ≈  1.00MiB 273k https | avc1.64001E    273k video only
30011 mp4 360x640     30 | ≈481.28KiB 128k https | hev1.1.6.L120  128k video only
30032 mp4 480x852     29 | ≈  1.50MiB 407k https | avc1.64001F    407k video only
30033 mp4 480x852     30 | ≈682.77KiB 181k https | hev1.1.6.L120  181k video only
```

图3-18　查询URL中的音视频

接着使用“-f”+“ 图3-18中的ID”+“URL”命令，即可下载指定的视频。如图3-19所示，是指定了图3-18中，ID为30016的音频文件，进行下载。

```
(py311) C:\Users\86158>yt-dlp -f 30016 https://www.bilibili.com/video/BV
[BiliBili] Extracting URL: https://www.bilibili.com/video/BV
[BiliBili] 1sh41157ZN: Downloading webpage
[BiliBili] B : Extracting videos in anthology
[BiliBili] Format(s) 1080P 高清, 720P 高清, 1080P 60帧 are missing; you have to login or become premium member to downlo
ad them. Use --cookies-from-browser or --cookies for the authentication. See  https://github.com/yt-dlp/yt-dlp/wiki/FAQ#
how-do-i-pass-cookies-to-yt-dlp  for how to manually pass cookies
[BiliBili] 228465662: Extracting chapters
[info] BV N: Downloading 1 format(s): 30016
[download] 好 用～ [BV ].mp4 has already been downloaded

[download] 100% of    1.03MiB
```

图3-19　下载指定文件

③ 手动合并音视频文件。在下载完音频和视频文件之后，使用如下命令将音视频合并成一个文件：

```
yt-dlp -M 视频文件 -A 音频文件 -v 合成后的文件
```

有关yt-dlp的更多参数，可以参考GitHub网站上yt-dlp项目的主页介绍，这里不再详述，读者还可以通过大语言模型提问的方式快速了解更多用法。

（3）代码方式使用yt-dlp下载视频

使用代码方式调用yt-dlp非常简单，只需要4行代码，具体如下：

```
1  from yt_dlp import YoutubeDL
2  video_url = "https://要下载的视频URL"
3  ydl = YoutubeDL()                          # 实例化YoutubeDL对象
4  ydl.download([video_url])                  # 下载视频
```

如果想指定输出路径，还可以将上面代码改成如下形式：

```
1  from yt_dlp import YoutubeDL
2  video_url = "https://要下载的视频URL"
3  # 定义yt_dlp配置变量，下载路径为当前路径
4  ydl_opts = { 'outtmpl': r'./%(title)s-%(id)s.mp4' } # 文件名为{标题}-{id}s.mp4
5  with YoutubeDL(ydl_opts) as ydl:      # 使用with语句实例化对象，并指定yt_dlp配置
6    ydl.download([video_url])
```

代码第4行通过设置字典变量ydl_opts的outtmpl值来实现指定下载路径的目的。

3.3.1　跟我做：格式化URL的视频信息

使用代码方式调用yt-dlp模块，可以获得与下载视频相关的更多功能。下面举例获取某URL目标视频的详细信息。并将其格式化输出。

（1）安装模块

本例使用了prettytable与humanize模块，其中，prettytable用于将数据转换成排版美观的表格输出；humanize用于将数字数据格式化成人性化易读的字符串，如文件大小从字节单位格式化为KB或MB、将数字类型如时间戳格式化为天数或小时数、数字添加千位分隔符等。具体安装命令如下：

```
pip install prettytable
pip install humanize
```

（2）编写代码

调用yt-dlp模块实例化对象的extract_info()方法，可以直接获得指定URL的视频数据。在得到数据后，调用PrettyTable类生成一个表格并将其输出。具体代码如下：

```
1  from prettytable import PrettyTable                         # 用于表格格式化
2  from humanize import naturalsize                            # 用于文件大小格式化
3  from yt_dlp import YoutubeDL
4  video_url = "https://要下载的视频URL"
5  # 获取视频描述信息
6  formats = YoutubeDL().extract_info(video_url, download=False)['formats']
7  print(f"获得{len(formats)}条描述信息。第一条：{formats[0]}")         # 输出描述信息
8
9  table = PrettyTable()                                       # 初始化表格
10 table.field_names = ["ID", "Ext", "Resolution", "FPS",      # 定义表格字段
11                      "filesize", "Format"]
12 for f in formats:                                           # 循环加入各个格式的信息
13     table.add_row([f['format_id'], f['ext'], f.get('resolution') ,f.get('fps'),
14         naturalsize(f['filesize']or f.get('filesize_approx')), f['format']])
15 print(table)                                                # 输出表格
```

代码第7行，是将获得的视频数据显示出来，该行代码对应程序运行后的显示如下：

```
获得7条描述信息。 第一条内容：{'url': 'https://视频链接 ', 'ext': 'm4a', 'acodec': 'mp4a.40.5', 'vcodec': 'none', 'tbr': 45.086, 'filesize': None, 'format_id': '30216', 'protocol': 'https', 'resolution': 'audio only', 'aspect_ratio': None, 'filesize_approx': 173926, 'http_headers': {'User-Agent': 'Mozilla/5.0 (Windows NT 10.0; Win64; x64) AppleWebKit/537.36 (KHTML, like Gecko) Chrome/91.0.4472.77 Safari/537.36', 'Accept': 'text/html,application/xhtml+xml,application/xml;q=0.9,*/*;q=0.8', 'Accept-Language': 'en-us,en;q=0.5', 'Sec-Fetch-Mode': 'navigate', 'Referer': 'https://www.bilibili.com/video/视频ID'}, 'audio_ext': 'm4a', 'video_ext': 'none', 'vbr': 0, 'abr': 45.086, 'format': '30216 - audio only'}
```

该视频一共有7条信息，每条信息都是字典类型的数据，上面的结果显示了第一条的信息内容。

代码第9～15行用于将描述信息formats以表格的形式显示出来。其中，代码第10行用于设置表头，代码第12行通过循环formats变量中的描述信息，将其一条一条地放进表格变量table里。代码第15行将其显示出来，如图3-20所示。

```
+-------+-----+------------+--------+-----------+--------------------+
|  ID   | Ext | Resolution |  FPS   | filesize  |       Format       |
+-------+-----+------------+--------+-----------+--------------------+
| 30216 | m4a | audio only |  None  | 169.85 KB | 30216 - audio only |
| 30232 | m4a | audio only |  None  | 384.94 KB | 30232 - audio only |
| 30280 | m4a | audio only |  None  | 384.94 KB | 30280 - audio only |
| 30016 | mp4 |  360x640   | 29.412 |  1.00 MB  |      360P 流畅      |
| 30011 | mp4 |  360x640   | 30.303 | 481.28 KB |      360P 流畅      |
| 30032 | mp4 |  480x852   | 29.412 |  1.50 MB  |      480P 清晰      |
| 30033 | mp4 |  480x852   | 30.303 | 682.77 KB |      480P 清晰      |
+-------+-----+------------+--------+-----------+--------------------+
```

图3-20　格式化URL的视频描述信息

Prettytable模块是一个常用的格式化工具，它常用于将元素类型为字典的列表或元组数据进行格式化显示。在实际使用中，还可以通过prettytable模块的其他API进行更灵活的设置，如对齐方式、设置隐藏列、设置表格样式等。这些内容可以通过使用大语言模型问答的方式轻易获得，如图3-21所示。

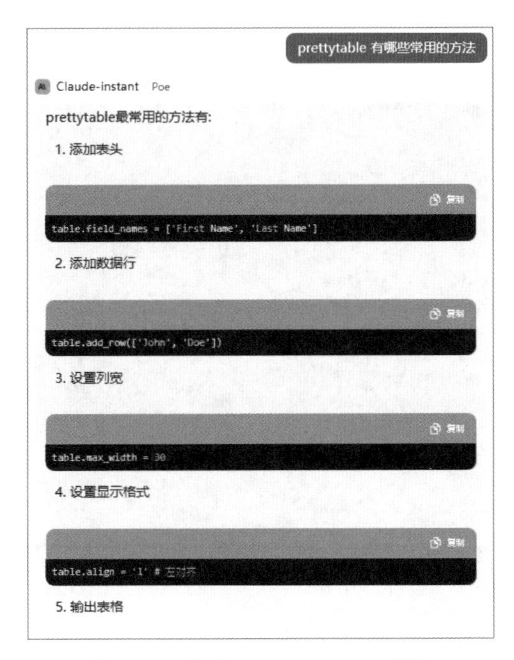

图3-21　使用Claude-instant截图

3.3.2　跟我做：用Pandas模块处理URL的视频信息

在实际应用中，除了使用prettytable模块以外，还常会使用Pandas模块对信息数据进行处理。Pandas是Python中最流行的数据分析和操作库之一。它可以用于数据清洗、数据整理、数据分析等任务。Pandas的数据结构灵活，容易将数据转换成数据表格的形式，并进行统计、重塑、选择与过滤等操作。

（1）安装模块

除了安装Pandas模块以外，本例还需要安装PandasGUI模块。PandasGUI是一个基于Python数据处理库Pandas的图形用户界面（GUI）工具。它提供了一个可视化的环境，使用户能够以直观的方式探索、处理和可视化数据，无须编写复杂的代码。安装命令如下：

```
pip install pandas
pip install pandasgui
```

（2）编写代码

先使用yt-dlp模块获取视频URL的相关信息，再调用Pandas对数据进行整理，最后将数据内容显示出来。具体代码如下：

```
1  import pandas as pd
2  from pandasgui import show
3  from humanize import naturalsize                          # 用于文件大小格式化
4  from yt_dlp import YoutubeDL
5  video_url = "https://要下载的视频URL"
6  # 获取视频描述信息
7  formats = YoutubeDL().extract_info(video_url, download=False)['formats']
8
9  df = pd.DataFrame(formats)  # 直接将formats转成DataFrame
10 df['filesize'] = df['filesize'].fillna(0)                 # none时填上0
11 df['filesize'] = df['filesize'].apply(naturalsize)        # 格式化字节大小
12 df.set_index('format_id', inplace=True)                   # 将format_id字段设成索引
13
14 print(df)                                                 # 输出表格内容
15 df.to_excel('formats.xlsx')                               # 将数据保存到excel里
16 show(df)                                                  #调用可视化UI显示数据
```

代码第9 ~ 12行，显示了使用Pandas模块的详细步骤：

① 代码第9行，调用pd.DataFrame()方法，实例化Pandas对象；

② 代码第10行，对无值字段进行填充，将filesize字段为none的数据填上0；

③ 代码第11行，将每条数据的filesize字段中的数值输入naturalsize()函数里，转化成人性化易读的字符串；

④ 代码第12行，设置format_id字段为整个数据的索引。

代码第14行将处理后的数据输出。

代码第15行调用了pd对象的to_excel()方法，将数据存入文件名为formats.xlsx的excel文件里；如果想加载该文件，则可以使用如下代码：

```
pd.read_excel('formats.xlsx')
```

代码第16行调用了PandasGUI模块的show()函数对数据进行可视化显示。该代码执行后，系统会自动调用一个窗口程序，并在其内部显示出具体数据，如图3-22所示。

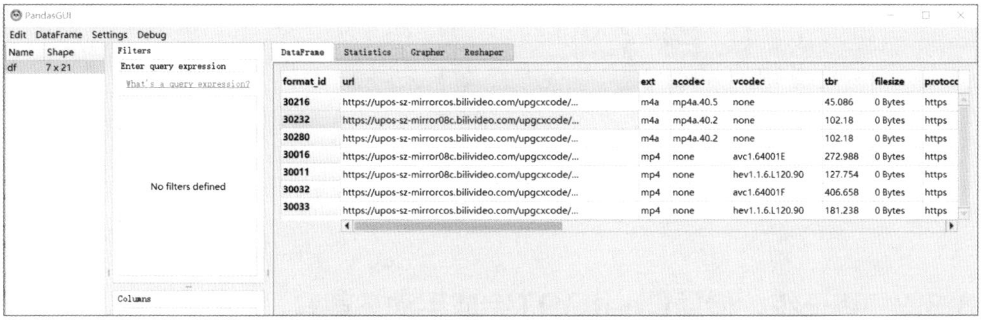

format_id	url	ext	acodec	vcodec	tbr	filesize	protocc
30216	https://upos-sz-mirrorcos.bilivideo.com/upgcxcode/...	m4a	mp4a.40.5	none	45.086	0 Bytes	https
30232	https://upos-sz-mirror08c.bilivideo.com/upgcxcode/...	m4a	mp4a.40.2	none	102.18	0 Bytes	https
30280	https://upos-sz-mirrorcos.bilivideo.com/upgcxcode/...	m4a	mp4a.40.2	none	102.18	0 Bytes	https
30016	https://upos-sz-mirror08c.bilivideo.com/upgcxcode/...	mp4	none	avc1.64001E	272.988	0 Bytes	https
30011	https://upos-sz-mirror08c.bilivideo.com/upgcxcode/...	mp4	none	hev1.1.6.L120.90	127.754	0 Bytes	https
30032	https://upos-sz-mirrorcos.bilivideo.com/upgcxcode/...	mp4	none	avc1.64001F	406.658	0 Bytes	https
30033	https://upos-sz-mirrorcos.bilivideo.com/upgcxcode/...	mp4	none	hev1.1.6.L120.90	181.238	0 Bytes	https

图3-22　PandasGUI模块可视化数据

PandasGUI模块还提供了更强大的功能，用户可以在上面进行数据统计（图3-23）、图表绘制（图3-24）等操作。

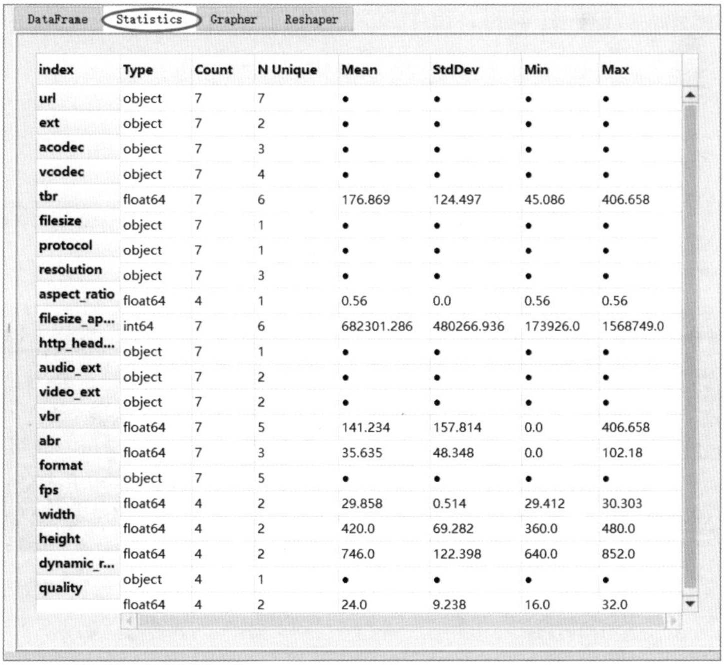

index	Type	Count	N Unique	Mean	StdDev	Min	Max
url	object	7	7	•	•	•	•
ext	object	7	2	•	•	•	•
acodec	object	7	3	•	•	•	•
vcodec	object	7	4	•	•	•	•
tbr	float64	7	6	176.869	124.497	45.086	406.658
filesize	object	7	1	•	•	•	•
protocol	object	7	1	•	•	•	•
resolution	object	7	3	•	•	•	•
aspect_ratio	float64	4	1	0.56	0.0	0.56	0.56
filesize_ap...	int64	7	6	682301.286	480266.936	173926.0	1568749.0
http_head...	object	7	1	•	•	•	•
audio_ext	object	7	2	•	•	•	•
video_ext	object	7	2	•	•	•	•
vbr	float64	7	5	141.234	157.814	0.0	406.658
abr	float64	7	3	35.635	48.348	0.0	102.18
format	object	7	5	•	•	•	•
fps	float64	4	2	29.858	0.514	29.412	30.303
width	float64	4	2	420.0	69.282	360.0	480.0
height	float64	4	2	746.0	122.398	640.0	852.0
dynamic_r...	object	4	1	•	•	•	•
quality	float64	4	2	24.0	9.238	16.0	32.0

图3-23　数据统计

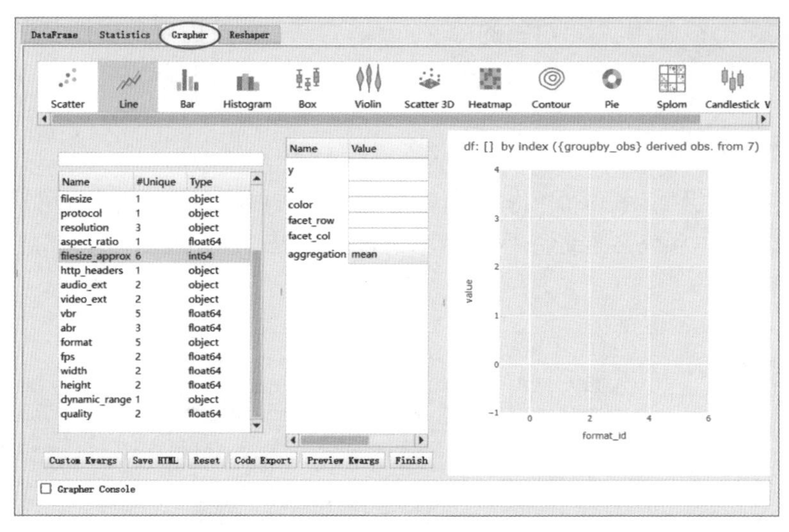

图3-24 图表绘制

3.3.3 练一练：借助ChatGPT完成手动下载音、视频文件，并进行合并

通过本节的学习，读者已经掌握如何通过命令行下载音、视频文件，以及将二者进行合并。下面尝试使用代码的方式实现这一功能。

在编写代码完成这一任务时，其中有2个知识点是书中没有交代的：

① 如何使用代码的方式指定formats_id进行下载？

② 如何使用代码将音、视频合并？

读者可以尝试向ChatGPT一类的大语言模型提问（例如：图3-25、图3-26），

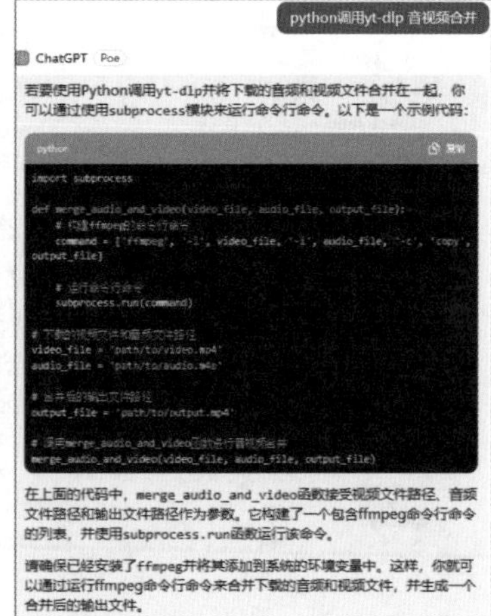

图3-25 使用ChatGPT截图

图3-26　使用Claude-instant截图

并获取解决方案的代码片段，然后将它们整合起来，完成该任务。

3.3.4　跟我做：4行代码实现自动发送邮件

用Python开发自动发送邮件的功能属于自动化方向，自动发送邮件功能可以适用于各种自动化应用场景，如自动提醒、自动通知、营销中的批量传播、自动备份、自动上报系统的分析或过滤结果等。

（1）安装模块

本例使用yagmail模块实现发送邮件功能，直接一条pip命令即可完成yagmail安装。具体命令如下：

```
pip install yagmail
```

（2）基础设置

yagmail模块内部调用了SMTP协议进行邮件发送。所以，在使用之前首先需要为自己的邮箱设置开启SMTP服务。只有在邮箱中打开SMTP服务后，邮箱才可以支持用户使用第三方工具发送邮件。具体做法如下：

① 通过Web方式登录自己的QQ邮箱，单击“设置”按钮，然后单击“账户”按钮，如图3-27所示。

② 在图3-27界面中找到图3-28的选项，单击图中箭头所指的“开启”按钮，开启POP3/SMTP服务。QQ邮箱的设置中是将POP3服务与SMTP服务一起开启的。该按钮包含了本案例中需要用到的SMTP服务。

③ 弹出窗口，进入验证密保环节。要求使用已关联的手机，向目的号码发送一条短信，短信内容为“配置邮件客户端”，如图3-29所示。

图3-27 QQ邮箱设置界面

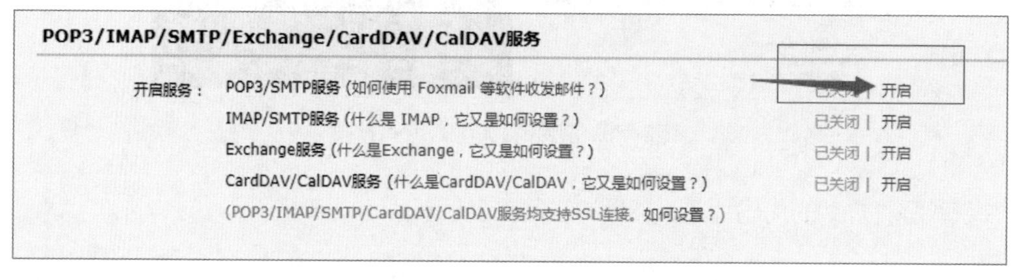

图3-28 开启QQ邮箱的POP3/SMTP服务

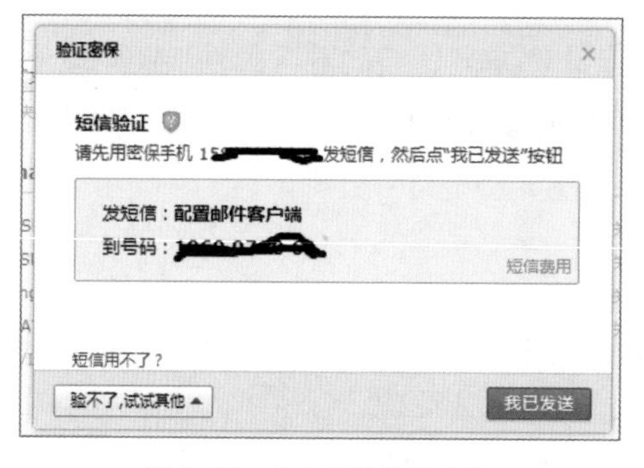

图3-29 QQ邮箱验证密保

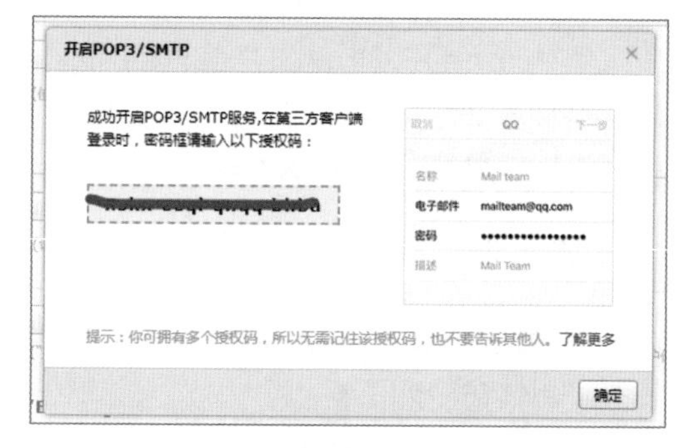

图3-30 QQ邮箱SMTP服务开启成功

④ 按照图3-29的要求，使用手机发送短信之后，单击图3-29中的右下方“我已发送”按钮。系统接着会弹出成功界面，上面有显示使用第三方POP3/SMTP服务登录时的密码，如图3-30所示。

图3-30所示的虚线框中的字符串，即为使用SMTP服务的登录密码。将该字符串复制。使用代码完成剩下的发送功能。

（3）编写代码

使用yagmail模块发送邮件的代码相对简单，主要分为2步：

① 调用代码进行登录；

② 向目的邮箱发送邮件。

具体代码如下：

```
1  import yagmail                                                        # 导入模块
2  yag = yagmail.SMTP("QQ号码@qq.com",'登录密码' ,'smtp.qq.com', 465)# 登录
3  yag.send(['收件人qq@qq.com','收件人qq @qq.com'],'test', 'efgh',
4          ['2-1 命令行参数.py','3-2 调用模块.py'])                     # 发送邮件
```

代码第4行代表发送两个py文件作为邮件的附件。在运行之前，需要将代码第2行中的“QQ号码@qq.com”和“登录密码”换成自己对应的邮箱和密码。代码运行后可以在收件人的QQ邮箱中找到对应的邮件，如图3-31所示。

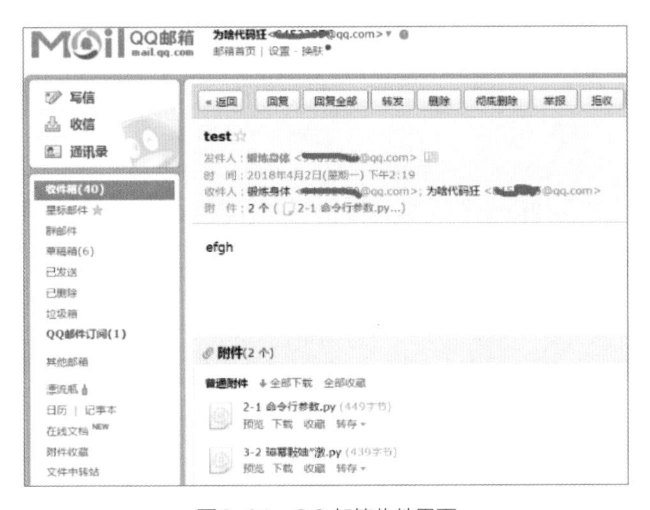

图3-31　QQ邮箱收件界面

如图3-31所示，该信箱收到了一个标题为“test”、内容为“efgh”，并带有两个附件的邮件。

（4）掌握自动发送邮件中的详细参数设置

在本节程序中，代码第2行调用了yagmail.SMTP()方法将yagmail模块的SMTP类进行实例化，得到了对象yag，同时也完成了登录。实例化的参数有4个。

- 第1个：QQ邮箱。填入自己的QQ邮箱即可。
- 第2个：登录密码。见图3-30中虚线框中的字符串。
- 第3个：SMTP服务器。这是固定域名，无须改动。
- 第4个：SMTP服务器的端口。也无须改动。

在本节程序中，代码第3行使用了yag.send()方法进行发送邮件，该方法所支

持的参数如下。

- 第1个：收件人邮箱，列表类型。
- 第2个：邮件主题，字符串类型。
- 第3个：邮件正文，字符串类型。
- 第4个：附件，列表类型，里面的元素为文件的路径字符串。
- 第5个：抄送人邮箱，列表类型。
- 第6个：抄送人邮箱，列表类型。

其中，后3个参数为可选参数。通过这些参数的设置即可满足发送邮件中的各种需求。

上面的介绍只是一个抛砖引玉的过程，在实际使用中，在如今的智能化时代，我们不再需要死记硬背这些参数及用法了。建议读者只需要了解该模块的名称和功能即可，需要使用的时候，直接通过大语言模型提问的方式，便能够快速了解具体参数的用法及运行代码。

3.3.5 练一练：制作一个在线服务，提取视频文件并转存到邮箱

你是否会遇到这样的问题，在B站看到一个很好的短视频，并将其收藏起来。直到某一天再想看时，发现收藏的短视频已经被原UP主删掉了。如果发现好的短视频时，直接将该短视频文件保存到邮箱，就可以避免这种问题的发生。

下面就来尝试做一个在线服务，允许用户输入视频链接，当用户提交链接后，后台自动下载，并以邮件的方式发送到自己的邮箱里。

3.4 跟我做：本地部署语音识别模型，并提供API服务

语音识别技术主要用于实现人与机器的语音交互，应用场景包括智能家居、智能车载、智能客服、健康医疗、教育学习、娱乐游戏、安全监控、办公行政、智能社交和智能金融等领域。本例将从头开始搭建自己的语音识别服务并使用客户端进行连接。

（1）安装模块

本例使用的是PaddleSpeech模块，该模块依赖于百度公司研发的paddlepaddle人工智能框架。但该框架依赖的库特别多，而且版本新旧不一，兼容

性不是很好。建议新建一个虚环境，进行安装。

```
pip install paddlepaddle
pip install paddlespeech
```

（2）启动语音识别服务端

在PaddleSpeech模块的源码中，提供了示例脚本，可以直接调用。只需要在Github上搜索PaddleSpeech模块相关的项目，打开其下的demos/speech_server文件夹下的README_cn.md（图3-32）即可看到详细的中文说明。

图3-32 PaddleSpeech模块说明

将整个PaddleSpeech模块的源码下载到本地，来到demos/speech_server文件夹下，直接使用如下命令启动语音识别服务：

```
python start_multi_progress_server.py
```

程序运行后，系统会输出如图3-33所示的信息。

```
[2023-11-08 12:16:42,538] [    INFO] - Initialize TTS server engine successfully on device: gpu:0.
[2023-11-08 12:16:42,538] [    INFO] - cls : python engine.
[2023-11-08 12:16:48,519] [    INFO] - Initialize CLS server engine successfully on device: gpu:0.
[2023-11-08 12:16:48,519] [    INFO] - text : python engine.
[2023-11-08 12:16:52,564] [    INFO] - Found C:\Users\86158\.paddlenlp\models\ernie-1.0\vocab.txt
[2023-11-08 12:16:52,576] [    INFO] - Initialize Text server engine successfully on device: gpu:0.
[2023-11-08 12:16:52,576] [    INFO] - vector : python engine.
[2023-11-08 12:16:53,226] [    INFO] - Initialize Vector server engine successfully on device: gpu:0.
INFO:     Started server process [7396]
INFO:     Waiting for application startup.
INFO:     Application startup complete.
INFO:     Uvicorn running on http://0.0.0.0:8090 (Press CTRL+C to quit)
```

图3-33 语音服务启动

（3）使用客户端验证语音识别

使用PaddleSpeech模块里自带的客户端程序paddlespeech_client，可以直接与PaddleSpeech模块的语音识别模块交互，具体的命令如下：

```
paddlespeech_client asr --server_ip 127.0.0.1 --port 8090 --input
待识别的音频文件.wav
```

将上面的命令中“待识别的音频文件.wav”替换成自己本地真正的音频即可实现语音识别了。

3.4.1 跟我做：从麦克风录音，并对其进行语音识别

本例将借助3.4节所启动的语音识别服务实现一个从麦克风接收音频到将音频识别成文字的全流程功能。

（1）安装模块

本例将使用谷歌的speech_recognition模块从麦克风获取音频。speech_recognition模块需要依赖pyaudio模块，所以二者都需要安装，具体命令如下：

```
pip install pyaudio
pip install SpeechRecognition
```

（2）代码实现

下面将使用函数封装的方式，实现3个功能：

- 格式转换功能：使用wav2base64()函数实现将音频转成Base64编码；
- 录音功能：使用record_audio()函数实现从麦克风收集语音；
- 语音识别功能：使用recognize()函数实现将base64编码的语音数据转成文字。

具体代码如下：

代码第15行，设置pause_threshold的值为1，意思是当说话人有1秒没有说话，认为本次录音结束。

代码运行后系统会显示“please say something”，等待用户说话，当用户说完之后，系统会显示“record finish”，接着会显示出语音内容。如图3-34所示。

```python
import speech_recognition as sr
import base64
from paddlespeech.server.bin.paddlespeech_client import ASRClientExecutor
asrclient_executor = ASRClientExecutor()

def wav2base64(wav_data): #将音频转成base64编码
    base64_bytes = base64.b64encode(wav_data)
    base64_string = base64_bytes.decode('utf-8')
    return base64_string

def record_audio(rate): #从麦克风录制音频
    r = sr.Recognizer()
    with sr.Microphone(sample_rate=rate) as source:
        print("please say something")
        r.pause_threshold = 1
        r.adjust_for_ambient_noise(source) #动态调整能量阈值以解决环境噪声
        audio = r.listen(source,phrase_time_limit=59) #限制录音的时长为59秒
        print('record finish')
    return audio

def recognize(audiodata): #调用语音识别接口，将语音转文本
    try:
        base64_string = wav2base64(audiodata)
        res = asrclient_executor(
        input=base64_string,
        server_ip="127.0.0.1",
        port=8090,
        sample_rate=16000,
        lang="zh_cn",
        audio_format="wav")
    except KeyError:
        print("KeyError")
    return res

audio = record_audio(rate=16000)
res = recognize(audio.get_wav_data())
print(res)
```

```
(pd201) D:\project\python book>python 3-4语音识别.py
please say something
record finish
[2023-11-08 12:49:55,891] [    INFO] - asr http client start
[2023-11-08 12:49:55,891] [    INFO] - endpoint: http://127.0.0.1:8090/paddlespeech/asr
[2023-11-08 12:49:56,530] [    INFO] - asr http client finished
这里是代码医生工作室
```

图3-34　运行结果

3.4.2 跟我学：了解Python中的函数

在Python中，可通过固定的格式来定义函数。函数有具体的组成部分（函数名、函数体、参数、返回值）。从分类上来看，函数可分为内置函数、自定义函数等。为了实现不同的编程需求，还可以为函数加上各种规则及作用域的限制，以完成整个功能。

（1）函数的定义

定义函数使用关键字def，后接函数名，再后接放在圆括号( )中的可选参数列表，最后是冒号。格式如下：

```
def  函数名(参数1, 参数2, ……, 参数N):
```

例如：

```
def hello(strname): #定义一个函数hello , strname是代表传入的参数
  print (strname)   #函数的实现，打印参数
```

调用时，直接使用函数名称即可。例如：

```
hello("I love Python!")      #调用函数，这时屏幕输出：I love Python!
```

（2）函数的组成部分

Python中的有多种不同类型的函数。无论它们的功能差别有多大，其组成部分是相同的。

函数有4个组成部分：

- 函数名：def后面的名字，例如4.1小节代码第3行中的mage_img_hstack；
- 函数参数：函数名后面的变量，例如4.1小节代码第3行中的image1和image2；
- 函数体：函数名的下一行代码，起始需要缩进，例如4.1小节代码第4 ~ 9行；
- 返回值：函数执行完的返回内容，用return开始。如没有返回值，则可以不写。例如4.1小节例中代码第9行。

对于一般类型的函数来讲，函数名和函数体是必须有的，函数的参数和返回值是可选的。

（3）函数的参数：形参与实参

形参是从函数的角度来说的；实参是从调用的角度来说的，在调用时传入的参数

就是实参。例如：

4.1小节例子中的代码第14行：toImage = **mage_img_hstack**(org_images[0],org_images[1])，其中“org_images[0],org_images[1]”就是传入mage_img_hstack()函数中的实参，它是实际的参数值。而mage_img_hstack()函数的参数“image1,image2”就是形参。在函数执行时，在mage_img_hstack()函数实现的功能是将参数“image1,image2”这两个图片合并起来。

(4) 函数的返回值

函数不需要返回值时可以什么都不做。需要有返回值时，就要使用return语句将具体的值返回。使用return语句可以一次返回多个值。调用时，可以定义多个变量来接收，也可以使用一个元组来接收。例如：

```
def getrecoder():                   #定义一个函数getrecoder()
    name = 'Gary'
    age = 32
    return name,age                 #返回name和age的值
myname,myage = getrecoder()  #在调用时，使用与返回值对应的两个值来接收
print(myname,myage)                 #将返回值打印出来，输出：Gary 32
person = getrecoder()               #在调用时，使用与返回值对应的一个值来接收
print(person)                       #将返回值打印出来，输出：('Gary', 32)
```

有时可能只是需要用到返回值中的一个，而将其他的忽略掉。这种情况下，可以使用下划线“_”来接收对应返回值。例如：

```
personname,_ = getrecoder() #在调用时，使用"_"来接收不需要的返回值
print(personname)
```

3.4.3 跟我学：了解Base64编码

在Python中，Base64编码是一种常见的编码方式，用于将二进制数据转换为可打印的ASCII字符。Base64编码的主要作用是在不直接传输二进制数据的情况下，通过将二进制数据转换为ASCII字符，实现数据的可读性和可传输性。具体来说，Base64编码可用于以下场景。

- 数据传输：当需要在网络上传输二进制数据时，可以使用Base64编码将数据转换为ASCII字符，以便传输和存储。接收方在接收到Base64编码的数据后，可以进行解码还原出原始的二进制数据。
- 数据存储：在某些情况下，需要将二进制数据存储在文件或数据库中，但这些存储方式可能不支持直接存储二进制数据。这时可以使用Base64编码将

二进制数据转换为ASCII字符，再存储为文本形式。在需要读取数据时，再进行解码还原出原始的二进制数据。

- 数据加密：Base64编码可以将二进制数据转换为可打印的ASCII字符，这在一定程度上增加了数据被截获和阅读的难度。可以将需要加密的数据进行Base64编码，再将编码后的数据传输或存储。接收方在接收到Base64编码的数据后，需要进行解码才能获取原始的二进制数据。这样可以增加数据的安全性。

在Python中，可以使用内置的base64模块来进行Base64编码和解码操作。下面将分别介绍编码和解码的方法。

（1）Base64编码

要进行Base64编码，可以使用base64.b64encode()函数。该函数接收一个二进制数据作为输入，并返回一个Base64编码后的字符串。示例代码如下：

```
import base64
data = b"Hello, World!"                              #待编码的二进制数据
encoded_data = base64.b64encode(data) #进行Base64编码
print(encoded_data.decode())                   #输出编码后的字符串
                                                          SGVsbG8sIFdvcmxkIQ==
```

（2）Base64解码

要进行Base64解码，可以使用base64.b64decode()函数。该函数接收一个Base64编码的字符串作为输入，并返回解码后的二进制数据。示例代码如下：

```
import base64
encoded_data = b"SGVsbG8sIFdvcmxkIQ=="
                                          #待解码的Base64编码字符串
decoded_data = base64.b64decode(encoded_data)
                                          #进行Base64解码
print(decoded_data.decode()) #输出解码后的字符串Hello, World!
```

（3）基于图片的Base64编解码

下面来看一段基于图片的编解码操作，具体代码如下：

```
import base64
def image_to_base64(image_path): #将图片转换成Base64编码
  with open(image_path, "rb") as image_file:
    return base64.b64encode(image_file.read()).decode('utf-8')
```

```
def base64_to_image(base64_str, output_path):
                                        #将Base64编码转换回图片
  with open(output_path, "wb") as image_file:
    image_file.write(base64.b64decode(base64_str))

base64_str = image_to_base64("input.jpg")
                                        #将图片（input.jpg）转成Base64编码
print(base64_str)                       #打印Base64编码字符串
base64_to_image(base64_str, "output.jpg")
                                        #将Base64编码转换回图片并保存到
                                         output.jpg
```

上述代码完成了一个将图片（input.jpg）转成Base64编码，接着又将Base64编码转成图片（output.jpg）的操作。

（4）基于URL传输安全的Base64编解码

在实际开发环境中，如果直接将base64.b64encode()函数生成的字符串用于URL传输，可能会导致问题。因为base64.b64decode()函数生成的Base64字符串可能包含“+”和“/”字符，这些字符在URL中具有特殊含义。

下面是将图片转换为基于URL传输安全的Base64编解码，并将该编码转换回图片的示例代码：

```
import base64

def image_to_base64(image_path):
                              #将图片转换成Base64编码
  with open(image_path, "rb") as image_file:
      return  base64.urlsafe_b64encode(image_file.read()).
decode('utf-8')

def base64_to_image(base64_str, output_path):
                              #将Base64编码转换回图片
  with open(output_path, "wb") as image_file:
    image_file.write(base64.urlsafe_b64decode(base64_str))

base64_str = image_to_base64("input.jpg")
                              #将图片（input.jpg）转成Base64编码
print(base64_str)             #打印Base64编码字符串

base64_to_image(base64_str, "output.jpg")
                              #将Base64编码转换回图片并保存到output.jpg
```

上述代码中使用了base64.urlsafe_b64encode()和base64.urlsafe_b64decode()函数。base64.urlsafe_b64encode()函数将“+”符号替换为“-”符号，将“/”符号替换为“_”符号，以确保生成的字符串在URL中传输时不会引起歧义。相应地，base64.urlsafe_b64decode()函数用于解码这种URL安全的Base64字符串。

这种URL传输安全的Base64编解码，也同样适用于URL参数、Cookie值等需要传输的场景。

3.4.4 跟我学：了解Python中的异常处理

在3.4.1小节的代码第22行，使用异常处理：try:语句。该语句用于处理程序运行过程中所出现的异常。

当一个程序发生异常时，代表该程序在执行时出现了非正常的情况，无法再执行下去。默认情况下，程序是要终止的。为了避免程序退出，可以使用捕获异常的方式获取这个异常的名称，再通过其他的逻辑代码让程序继续运行。这种根据异常做出的逻辑处理叫作异常处理。

开发者可以使用异常处理全面地控制自己的程序。异常处理不仅仅能够管理正常的流程运行，还能够在程序出错时对程序进行必要的处理，大大提高了程序的健壮性和人机交互的友好性。

Python语法会把异常当作一个对象，通过try/except语句来捕捉该异常对象。try/except语句后面都会跟着对应的代码块。系统会在try对应的代码块中内置检测错误的代码。当检测到错误时，就会进入except代码块，来执行相应的逻辑处理，以决定是否继续运行。

（1）异常的定义

异常处理的语法定义如下：

```
try:
    <语句>        #运行别的代码
except <名字>:
    <语句>        #如果在try部分引发了'name'异常
except <名字>，<数据>:
    <语句>        #如果引发了'name'异常，获得附加的数据
else:
    <语句>        #如果没有异常发生，则执行该分支语句
```

（2）异常的使用举例

一个 try 语句可以有多条 except 语句，用以指定不同的异常，但至多只有一个

会被执行。例如：

```
try:
    x = int(input('请输入一个被除数:'))  #等待输入一个数
    print('30除以',x,'等于',30/x)         #输出30除以输入数字
except ValueError:                      #捕获ValueError异常
    print('输入了无效的整数。重新输入……')
except ZeroDivisionError:               #捕获ZeroDivisionError异常
    print('被除数不等于0，重新输入……')
except :                                #捕获其他异常
    print('其他异常……')
```

上面这段代码中，共有三个分支处理try抛出的异常。

① 程序运行之后，当输入a（非数字）时，将抛出ValueError异常，程序进入第一分支。输出“输入了无效的整数。重新输入……”。

② 当输入为0时，将抛出ZeroDivisionError异常，程序进入第二分支。输出“被除数不等于0，重新输入……”。

③ 假如运行过程中产生的异常既不等于ValueError，又不等于ZeroDivisionError，则执行第三分支，输出“其他异常……”。

（3）同时处理多个异常

except关键字还可以同时接收多个异常。具体的写法是在except后面加个括号，将要接收的异常当作参数传入。例如：

```
try:
    x = int(input('请输入一个被除数:'))
                                        #等待输入一个数，并赋值给x
    print('30除以',x,'等于',30/x)       #输出30除以x
except (ZeroDivisionError,ValueError):
                                        #同时捕获ZeroDivisionError 与
                                         ValueError异常
    print('输入错误, 重新输入……')
except :                                #捕获其他异常
    print('其他异常……')
```

上面代码中，将两个异常（ZeroDivisionError与ValueError）放到了一个处理分支下。程序运行后，当输入a（非数字）或0时，都会输出“输入错误，重新输入……”。

（4）异常处理中的else语句

try……except……语句后面还可以跟else 语句。当没有异常发生时，将执行else

语句。else语句是个可选语句，必须放在所有except语句后面。例如：

```
try:
   x = int(input('请输入一个被除数:'))
                                        #等待输入一个数，并赋值给x
   print('30除以',x,'等于',30/x)  #输出30除以x
except (ZeroDivisionError,ValueError):
                                        #同时捕获ZeroDivisionError与
                                         ValueError异常
   print('输入错误，重新输入......')
except :                                #捕获其他异常
   print('其他异常......')
else:
   print("再见")
```

执行上面程序，当输入整数6时显示如下内容：

```
请输入一个被除数:6
30除以 6 等于 5.0
再见
```

程序走完了正常流程，没有产生异常。执行了else中的内容，于是输出“再见”。

（5）输出未知异常

在一些复杂的程序中，往往很难预测有什么异常情况发生。这时可以使用如下语法输出未知异常：

```
try:
   ......some functions......
except Exception as e:
   print(e)
```

通过except后面跟着的Exception as e语句，可得到异常类型e。下面通过代码演示：

```
try:
   x = int(input('请输入一个被除数:')) #等待输入一个数并赋值给x
   print('30除以',x,'等于',30/x)      #输出30除以该输入的数字
except Exception as e:                #捕获未知异常
   print(e )
   print('其他异常......')
```

执行上面程序，当输入整数0时显示如下内容：

```
division by zero
其他异常……
```

可以看到，程序打印出了异常类型的原因——除数为0。

（6）创建异常的方法

创建异常又叫抛出异常，也叫作触发异常，是主动向系统报出异常，使用关键字raise来实现。创建异常的写法如下：

```
raise [Exception [, args [, traceback]]]
```

- Exception：异常参数值，指代异常的类型（例如，NameError）。该参数是可选的，默认是None。
- traceback：是可选的（在实践中很少使用），代表所要跟踪的异常对象。

当程序运行时，无论当前代码是否正常，只要执行到有raise开头的语句，就会抛出异常。例如：

```
try:
    x = int(input('请输入一个被除数:'))  #等待输入一个数
    if 0==x:                             #判断输入是否为0。如果为0，主动生成
                                          异常
        raise ValueError('输入错误：0不能做被除数')
    print('30除以',x,'等于',30/x)          #输出30除以该输入的数字
except Exception as e:
    print(e )
except ZeroDivisionError:               #捕获ZeroDivisionError异常
    print('被除数不等于0，重新输入……')
except:                                 #捕获其他异常
    print('其他异常……')
```

这段代码是让用户输入一个被除数，并用30除以这个输入的被除数。由于0不能作为除数，于是在得到输入数值之后加了一个判断。如发现输入为0，则由程序主动生成一个异常。在后面代码中，通过except关键字来捕获该异常。

将程序运行起来，输入0，则会有如下输出：

```
请输入一个被除数:0
输入错误：0不能做被除数
```

可以看到，在捕获异常时，程序运行了ValueError异常分支。这与代码中通过raise生成的异常类型（ValueError）一致。在ValueError异常分支中，执行的代码

是将异常信息打印出来，于是程序就输出“输入错误：0不能做被除数”。

使用raise语句的程序会更加严谨，可以在程序执行到错误的分支情况时主动报出异常，增强了程序逻辑的健壮性。在出错时，还可以提供自定义的人机交互信息，使程序调试起来，更为方便。

另外，在运行Python代码时，一旦发现当前环境缺少模块，常会使用raise语句来报出异常。例如：

```
import shutil
if shutil.which('shapely') is None:  #检测shapely 模块是否安装
    raise(Exception("""shapely not found,you should run conda
install shapely  """))                #提示用于安装shapely 模块
```

（7）异常的最终处理（清理动作）

在Python中，finally语句是与try和except语句配合使用的。

finally语句中的内容一般都是用来做清理工作的。无论try中的语句是否跳入except中，最终都要进入finally语句，并执行finally语句的分支代码。

try和except语句改变了程序执行的流程。代码在没有运行的前提下，并不知道会进入哪个分支。在复杂的逻辑关系中，很容易出现由于出现资源不释放，而引起资源泄露或内存泄露的问题。

为了解决这种问题，一般会在except的最后加个finally，并在finally语句中将资源或是内存进行统一地清理。这样，无论程序运行到哪个分支，最终都会进入finally语句的分支代码进行资源的收尾工作，从而避免了资源或内存泄露的问题。例如：

```
try:
    print('打开一个文件')          #伪码：打开一个文件
    print('读取内容')              #伪码：假设打开成功，开始读取文件
    raise IOError('读取出错') #伪码：假设在读取过程中发生了错误
except Exception as e:         #捕获错误异常
    print(e )
finally:                       #无论程序是否错误，执行完前面代码后都要在这里
                                关闭文件
    print("关闭文件")
```

例子中，通过伪码来描述一个打开并读取文件的过程。在真正执行时，会发生读取正常和读取出错两种情况。无论哪种情况，都会进入finally分支。在finally分支中，将已经打开的文件关闭，以确保资源得到释放。

（8）判定条件的正确性（断言）

Python中的try与except语句一般是用来捕捉用户或者环境的错误。而断言，

是人为地判定条件的正确性，即，检验自己的判断是对还是错。

① 断言的表达形式。断言，使用assert关键字后面接着一个条件表达式。

- 如果条件表达式为真，意味着程序当前的条件与开发人员自己断言的情况一致，则程序继续运行。
- 如果为假，则表明一定是前面发生了错误，程序停止运行，报出异常。

例如：

```
assert 1!=1        #断言1不等于1
```

这句代码断言“1不等于1”，这显然是个错误的条件。于是报错：

```
 File "<iPython-input-4-c5230ec50e34>", line 1, in <module>
  assert 1!=1
AssertionError
```

② 带错误信息的断言语句。在Python中，如果断言后面的条件语句失败了，还可以为其指定对应的字符串输出。这样代码就会变得更加友好。具体做法是：直接在assert后面的条件语句之后，加上“,字符串”。

例如：

```
assert 1!=1,("1不等于1，报错")            #断言1不等于1
```

执行这段代码时，输出的结果就会更加人性化一些：

```
 File "<iPython-input-4-c5230ec50e34>", line 1, in <module>
  assert 1!=1
AssertionError: 1不等于1，报错
```

从输出结果的最后一行可以看到，AssertionError后面会显示出来详细的出错信息。

在正规的开发流程中，单元测试是每个程序员都应该做的事情。开发人员编写完代码后，可以利用断言语句来检查自身的错误，实现单元测试。断言常常被用在单元测试和参数检查中，以避免程序运行时出现开发人员编写中的逻辑错误。

3.4.5　跟我做：4行代码从音频文件中提取文字

除了百度的PaddleSpeech模块以外，还有很多更优秀易用的语音识别模块。OpenAI公司的开源语音识别模块whisper，就是其中之一。本例将使用whisper模块本地实现一个语音识别的程序，并用它来提取音频文件中的文字。

(1) 安装模块

模块whisper的安装方式如下:

```
pip install -U openai-whisper
```

(2) 编写代码

模块whisper内部使用了OpenAI的语音识别模型，该模型的名称也叫whisper；外部用Python封装成简单易用的API，使用起来非常方便。具体使用代码如下:

```
1  import whisper
2  model = whisper.load_model("tiny") # 可选字段：tiny、base、small、medium、large
3  result = model.transcribe("音频文件.mp3", language='chinese')   # 提取文字
4  print(result)                                                  # 输出结果
```

代码第2行选择tiny版本的whisper模型进行载入。whisper模型提供了5种不同的版本，从小到大依次为tiny、base、small、medium和large，越高的版本识别精度越高。

代码第3行输入自己的音频文件，并调用模型对象model的transcribe()方法进行文字识别。代码运行后输出如下内容:

```
{'text': '好 那大家好啊接下来',
 'segments': [
   {'id': 0,
  'seek': 0,
  'start': 0.0,
  'end': 1.8,
  'text': '好 那大家好啊',
  'tokens': [50364, 2131, 18625, 6868, 2131, 4905, 50454],
  'temperature': 0.0,
  'avg_logprob': -0.9308695475260417,
  'compression_ratio': 0.9454545454545454,
  'no_speech_prob': 0.040996212512254715},
   {'id': 1,
   'seek': 0,
   'start': 1.8,
```

```
    'end': 3.7,
    'text': '接下来',
    'tokens': [50454, 40012, 5884],
    'temperature': 0.0,
    'avg_logprob': -0.9308695475260417,
    'compression_ratio': 0.9454545454545454,
    'no_speech_prob': 0.040996212512254715}
    ],
  'language': 'chinese'
}
```

从上面的结果可以看到，whisper模块输出的是一个字典类型，通过result[‘text’]可以直接得到其识别的文字，而其他信息则是文字所对应的音频位置，以及模型内部的参数、概率等详细信息。

3.5 跟我做：本地部署大语言模型，并实现类似ChatGPT功能

本例将在本地部署一个蓝心大语言模型（BlueLM），BlueLM是由vivo AI全球研究院自主研发的大规模预训练语言模型，它是一个开源模型。目前发布了包含7B基础（base）模型和7B对话（chat）模型。由于大语言模型的规模都过于庞大，导致一版的个人电脑无法运行。本例将使用BlueLM的4Bit量化版在本机进行运行，4Bit量化版是对原有的BlueLM模型经过量化处理后得来的，其体积由原来的15GB压缩到了5GB左右。

在本例中，将使用一个带有8GB显存的GPU电脑进行运行。

（1）安装模块

BlueLM兼容深度学习框架transformers，使用transformers可以非常方便地对BlueLM加载和调用。

安装transformers的命令如下：

```
conda install -c huggingface transformers
```

命令中的“-c huggingface”是指从HuggingFace网站上下载transformers模块进行安装。这样可以保证所安装的transformers模块是最新版。如果由于网络原因下载太慢，也可以去掉这个参数，系统将会从默认的conda库中进行下载和安装。

transformers是一个相对上层的软件框架，再安装时，还会自动安装其默认的底层深度学习模块——PyTorch。

同时还要安装与BlueLM相关的其他模块，具体命令如下：

```
conda install sentencepiece
pip install accelerate
```

其中sentencepiece模块用于模型处理文字时的分词操作，accelerate模块用于载入BlueLM模型的量化版。

安装基于cuda的量化扩展包，命令如下：

```
python -m pip install https://github.com/jllllll/GPTQ-for-LLaMa-
Wheels/raw/main/quant_cuda-0.0.0-cp311-cp311-win_amd64.whl
--force-reinstall
```

该命令可以实现在Windows上安装基于Python3.11版本的quant_cuda模块。如果当前Python环境不是3.11版本，可以在GitHub网站的GPTQ-for-LLaMa-Wheels项目里找到对应的版本进行安装；如果在GPTQ-for-LLaMa-Wheels项目里找不到对应的版本。则可以使用如下命令进行从源码安装：

```
git clone https://github.com/vivo-ai-lab/BlueLM
cd BlueLM/quant_cuda
python setup_cuda.py install
```

（2）下载模型并运行代码

来到HuggingFace网站的vivo-ai/BlueLM-7B-Chat-4bits路径下，可以看到关于BlueLM模型4Bit量化版的详细信息。如图3-35所示。

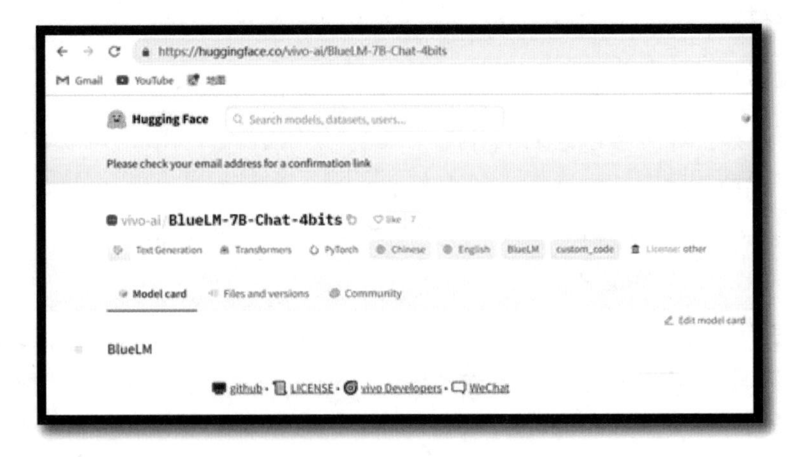

图3-35　BlueLM-7B-Chat-4bits主页

将图3-35页面下拉，即可看到该调用模型的相关代码，如图3-36所示。

图3-36 调用BlueLM-7B-Chat-4bits的相关代码

将图3-36的代码，复制到本地，运行，系统便会先下载BlueLM-7B-Chat-4bits模型，然后进行加载，处理输入数据，产生输出内容。如图3-37所示。

```
Console 6/A ×
Python 3.11.0 | packaged by conda-forge | (main, Oct 25 2022, 06:12:32) [MSC v.1929 64 bit (AMD64)]
Type "copyright", "credits" or "license" for more information.

IPython 8.13.2 -- An enhanced Interactive Python.

In [1]: runfile('D:/project/python book/vivo模型.py', wdir='D:/project/python book')
Loading checkpoint shards:   0%|          | 0/3 [00:00<?, ?it/s]
三国演义的作者是谁？ 《三国演义》是由元末明初小说家罗贯中所著，是中国古典四大名著之一，也是中国古代历史小说发展的巅峰之作。
```

图3-37 BlueLM-7B-Chat-4bits模型运行结果

（3）使用加速器下载模型文件

在运行图3-36代码时，很有可能遇到由于网络原因导致的模型下载失败。这时可以在GitHub网站上面下载HuggingFace加速器项目（HuggingFace-Download-Accelerator），进行手动下载模型。

例如，下载完HuggingFace-Download-Accelerator代码之后，来到该代码的文件夹下，输入如下命令：

```
cd HuggingFace-Download-Accelerator
python hf_download.py --model vivo-ai/BlueLM-7B-Chat-4bits --save_
dir D:/hf_hub
```

该命令便可以把BlueLM-7B-Chat-4bits模型下载到D盘的hf_hub文件夹里。

待模型下载完之后，将图3-36代码中“vivo-ai/BlueLM-7B-Chat-4bits”换成“D:/hf_hub/BlueLM-7B-Chat-4bits”即可。

该方法可以适用于加速下载HuggingFace上的所有资源。

3.5.1 跟我学：用量化技术降低大语言模型对算力的需求

通过量化技术对大语言模型处理后，可以降低其内部每个参数所占的字节数，从而达到给模型瘦身的效果。这样，大语言模型就可以在算力资源更小的机器上运行了。

量化是一种技术，用于降低模型中数值的精度。量化使用较低精度的数据类型（例如8位整数）来表示值，而不是使用高精度的数据类型（例如32位浮点数）。这个过程显著减少了内存使用，并可以加速模型的执行，同时保持可接受的准确性。

（1）安装模块

在实现时，需要安装bitsandbytes模块，它的功能是量化模型，该模块通过transformers框架进行调用。

```
pip install bitsandbytes
```

有了量化工具之后，就不用必须去huggingface.co网站上找量化后的模型使用了。对于huggingface.co网站上的任意模型都可以使用量化工具进行瘦身然后再载入内存。

（2）代码实现

用transformers框架对大语言模型进行量化加载非常简单。只需要修改AutoModelForCausalLM.from_pretrained()方法（见图3-36中的代码第3行）中的一个参数即可。下面通过例子说明：

① 以4位量化加载模型。该方法主要通过设置load_in_4bit参数为True，即可将模型压缩到原来的四分之一。具体代码如下：

```
model = AutoModelForCausalLM.from_pretrained(model_id, device_
map="auto", load_in_4bit=True)
```

其中参数model_id是指模型名称。参数device_map为auto的意思是让程序根据系统的硬件资源自动分配，当本地机器有多块GPU卡，但每块GPU卡都不足以加载模型的情况下，则需要将device_map设置为auto，这时，系统会将模型分散到多个GPU卡上运行。

② 以8位量化加载模型。该方法主要通过设置load_in_8bit参数为True，即可将模型压缩到原来的二分之一。具体代码如下：

```
model = AutoModelForCausalLM.from_pretrained(model_id, device_map="auto", load_in_8bit=True)
```

③ 检查模型的内存占用情况。另外，还可以使用get_memory_footprint()方法检查模型的内存占用情况，例如：

```
print(model.get_memory_footprint())
```

④ 以半精度方式运行。在使用大语言模型进行多轮对话时，随着对话轮数增加，有可能会出现内存不足的情况，这时需要将模型以半精度的方式运行，以避免内存不足的情况发生。具体代码如下：

```
model = AutoModelForCausalLM.from_pretrained(model_id, device_map="auto")
model.half()
```

⑤ 更改大语言模型的计算数据类型。通过将bnb_4bit_compute_dtype设置为其他值（例如torch.bfloat16）来修改计算过程中使用的数据类型。这可能会在特定场景下提高速度。具体代码如下：

```
from transformers import BitsAndBytesConfig
quantization_config = BitsAndBytesConfig(load_in_4bit=True, bnb_4bit_compute_dtype=torch.bfloat16)
model_quantization = AutoModelForCausalLM.from_pretrained (model_id,
                                quantization_config= quantization_config)
```

AutoModelForCausalLM.from_pretrained()方法还支持通过配置文件对象进行传参。上面代码中演示了通过配置文件对象BitsAndBytesConfig进行传参的方式。

3.5.2　跟我学：更灵活地运行大语言模型

在实际场景中，有时会根据具体情况来调整模型的运行方式。例如，当使用大语言模型完成类似实体词抽取之类的机械性很强的工作时，或是完成数学逻辑分析时，不需要其表现出涌现能力，只需要用最保守的方式完成最准确的回答，这需要设置模型在运行时，停止对候选结果进行采样；再比如让大语言模型完成编写小说等创造性工作时，则要增加其创造能力，把与候选结果采样相关的参数调大等。

在图3-36中，使用短短的8行代码，就可以在本地运行一个大语言模型。这8行代码也覆盖了大语言模型在不同场景中所需要的灵活配置。下面就来介绍一下：

大语言模型的运行需要三部分：一个是载入模型分词器（Tokenizer）；一个是加载与模型相关的权重参数；最后一个是使用模型进行推理。

（1）载入模型分词器

模型分词器（Tokenizer）作用是实现文字到数值之间的转化。其内部类似字典类型，是由{词：ID}一一对应的映射对组成。在向模型输入句子时，Tokenizer会先对句子进行分词，再把每个词映射成的整数ID，最终输入到模型中去推理；在模型推理之后，会得到一段由整数ID组成的序列，Tokenizer会将这些整数ID组成的序列转成对应的词，再拼成一个完整的句子，输出给用户。

与载入模型分词器相关的代码主要是调用AutoTokenizer.from_pretrained()方法：

```
tokenizer = AutoTokenizer.from_pretrained()
```

该方法中常用的参数如下。

- pretrained_model_name_or_path：当该参数是模型名字的字符串时，是指托管在huggingface.co上的模型名称，系统会在运行时自动从huggingface.co下载并载入分词器；当该参数是一个路径或URL字符串时，系统会在运行时自动从指定的路径或下载并载入分词器。
- cache_dir：可选参数，指定下载模型的缓存路径。
- force_download：可选参数，是否强制（重新）下载模型权重和配置文件并覆盖。
- resume_download：可选参数，是否删除未完全接收到的文件。
- proxys：可选参数，设置下载模型时所使用的网络代理，由协议或端点使用的代理服务器的字典，例如{'http'：'foo.bar:3128'，'http://hostname'：'foo.bar:4012'}。
- revision：可选参数，指定要使用某模型的特定型号版本。huggingface.co上存储模型是基于Git系统的，通过revision参数，可以指定系统加载模型所在Git系统中的其他分支版本，它可以是分支名称、标记名称或提交id。
- use_fast：可选参数，默认为True，使用快速标记器(基于Rust语言实现的标记器)。如果当前模型不适用于快速标记器，则使用普通的基于Python的标记器。
- trust_remote_code：可选参数，默认为False，与下载模型参数联合使用，是否信任的存储库中的代码，并允许其在本地运行。该参数常被设置成True。

- kwargs（其他关键字参数）：可选参数，可用于设置特殊令牌，如'bos_token'、'eos_token'，'unk_token'、'sep_token'、'pad_token'、'cls_token'、'mask_token'、'additional_special_token'。这些令牌是指系统内部保留的词，与模型训练有关。

（2）加载与模型相关的权重参数

与模型相关的权重参数就是模型本身的文件，大语言模型常以B为单位，一个B代表10亿参数。一个7B的模型，其参数量就是70亿。通过AutoModelForCausalLM.from_pretrained()方法可以实现加载与模型相关的权重参数。该方法所支持的参数与AutoTokenizer.from_pretrained()类似，另外，还支持一些与硬件相关的配置参数，具体如下。

- device_map参数，用于指定模型运行的硬件设备，例如："cuda:0"代表模型在第一块GPU卡上运行；"auto"代表以分片的方式自动将资源匹配到多卡GPU上去运算。
- load_in_8bit参数，设置是否以8位量化加载模型。
- load_in_4bit参数，设置是否以4位量化加载模型。
- torch_dtype参数，设置模型以哪种类型进行运算，默认是"torch.float32"，半精度会设置成"torch.float16"，双精度会设置成"torch.float64"。

（3）使用模型进行推理

图3-36中的第7行代码，是用于模型进行推理作用的。该代码调用了模型的generate()方法，实现模型的推理调用。在实际使用时，还可以通过设置generate()方法中的多个参数，来控制模型生成的具体内容。常用的参数如下。

- max_length：即限定生成的最大长度，这里的长度指的token的长度。并且是最大的长度，在这个长度之内的其他长度的句子也是可以被生成的。
- min_length：与max_length相反，限定生成的最小长度。
- max_time：运行的最长时间。
- do_sample：指是否使用采样（sampling）方法来生成文本。采样是一种生成文本的方法，它从模型输出的概率分布中随机采样一个 token 作为下一个生成的 token，具有一定的随机性和多样性，因此生成的文本可能更加多样化，而不是完全按照概率分布中的概率来选择下一个 token。如果设置

do_sample=True，那么在生成文本时就会使用采样方法。在采样时可以指定一些参数，例如 temperature、top_p 等，这些参数会影响采样方法的结果，从而影响生成文本的多样性和质量；如果设置 do_sample=False，那么就会使用贪心算法（greedy decoding）来生成文本，即每次选择模型输出概率最大的 token 作为下一个 token，这种方法生成的文本可能会比较单一和呆板。

- num_beams：是在进行文本生成时的一个参数。它是指在生成一个序列的时候，预测模型同时生成的候选解的数量。在Beam Search生成文本的方法中，预测模型会对于每一个时间步，生成一定数量的候选解，选取其中最优解进行下一步预测，直到完成整个序列的生成。num_beams设置较高，可以增加生成的候选解的数量，从而得到更多可能性，但是会同时增加计算代价。因此，通常需要根据任务的需求，合理选择num_beams的值。
- penalty_alpha：是用于控制生成的文本多样性的参数。它控制生成的文本的多样性和翻译的目标序列的近似程度之间的权衡。当penalty_alpha值越大时，模型生成的文本变得更加多样性，生成的文本与目标序列的近似程度可能会变得更加差。反之，当penalty_alpha值越小时，模型生成的文本变得更加相似于目标序列，多样性可能会变得更加差。因此，根据生成文本的目的和要求，用户可以调整penalty_alpha的值以获得更好的结果。
- temperature：temperature 是用来控制生成文本的随机性。如果 temperature 的值为1，则没有任何调整；较大的 temperature 值会导致生成的文本更加随机，而较小的 temperature 值则会生成更加确定性的文本。
- top_k：决定了在 top-k 过滤中保留的最高概率词汇令牌的数量，默认为50。top-k 过滤是一种技术，用于在生成过程中过滤掉不太可能的token。
- top_p：用于限制生成文本中词语选择的概率分布的参数，默认为 1.0。它代表了仅选择概率分布中前p%大的词语，而舍弃剩余的词语。通俗地说，它用于约束生成文本中词语的数量，防止生成过多的词语，并且只选择最可能的词语。如果设置为小于 1 的浮点数，那么只有最可能的token集合，其概率之和达到或超过 top_p，才会在生成过程中保留。假设模型预测了下一个单词的概率分布，如果将 top_p 设置为0.9，那么模型将只选择概率分布中前 90% 的词语。因此，如果生成的词语不在前90%，那么将不会考虑这个词语。这样做可以降低生成的词语数量，同时可以保证生成的词语更可能是正确的。
- diversity_penalty：是指对生成的文本多样性的惩罚因子。当 diversity_penalty 设置为正数时，它会惩罚生成的文本里排在前面的单词出现的频率过高的情况，进而提高文本的多样性。较小的 diversity_penalty 值可以使生成的文本更加保守，而较大的值则可以提高文本的创造性。需要注意的是，对文本多样性的惩罚因子过大也可能导致生成的文本质量下降，因此选择正确的 diversity_penalty 值需要根据具体应用场景和需求进行调整。

- repetition_penalty：用于惩罚重复的单词和句子。默认值为1.0，其中较高的值意味着更强的惩罚，生成的文本中将出现更少的重复。如果取值为0，则没有惩罚，生成的文本可能包含大量重复的内容。在实际使用中，通常需要对该参数进行调整，以根据具体需求在生成的文本中达到适当的平衡，例如在一些任务中，过多的重复可能不是理想的，因此需要将repetition_penalty设置为较高的值；而在其他任务中，更多的重复可能是有意义的，因此需要将repetition_penalty设置为较低的值。
- num_return_sequences：用于控制模型生成的文本序列的数量。默认情况下，模型将生成一个完整的文本序列。当需要为一组给定的提示或问题生成多个可能的答案时，可以设置 num_return_sequences 参数为一个大于1 的整数，以生成多个文本序列。
- output_attentions：用于指定是否返回注意力矩阵。该注意力矩阵可用于输入后续模型，进行级联处理。注意力机制是深度学习中常用的一种机制，用于在给定输入时，自动分配不同的权重给不同的输入项，并计算其与输出的关联度。在文本生成任务中，注意力机制可以用来让模型了解输入文本的各部分之间的关联，从而更好地生成上下文相关的输出。如果 output_attentions 被设置为 True，那么在调用 generate() 方法时，模型将返回一个元组 (output, attentions)。其中，output 是生成的文本序列，attentions 是一个元组，包含每个层次的注意力矩阵。注意力矩阵是一个三维张量，其维度为 [batch_size, num_heads, sequence_length, sequence_length]，其中，batch_size 表示输入的样本数，num_heads 表示注意力头数，sequence_length 表示输入序列的长度。

3.5.3　跟我做：实现基于web界面的本地大语言模型

在GitHub上的BlueLM源码工程里，还提供了一个基于web版的大语言模型应用代码“web_demo.py”，如图3-38所示。

在“web_demo.py”代码文件中，使用了Streamlit模块进行web封装，可以按如下方法将其运行。

将整个BlueLM源码下载到本地后，在命令行模型下来到web_demo.py所在路径，运行如下命令：

```
streamlit run web_demo.py
```

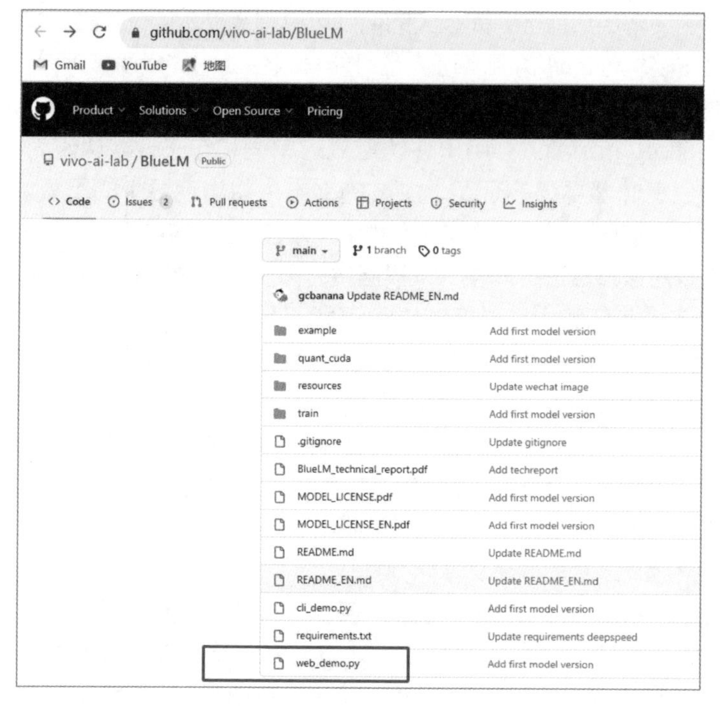

图3-38　BlueLM源码页

命令执行后，系统在本地启动一个web服务器，并打开浏览器，访问本地链接http://localhost:8081。接下来即可通过该页面实现对大语言模型的使用了。下面是一个使用大语言模型编写代码（图3-39）和实体提取（图3-40）的例子。

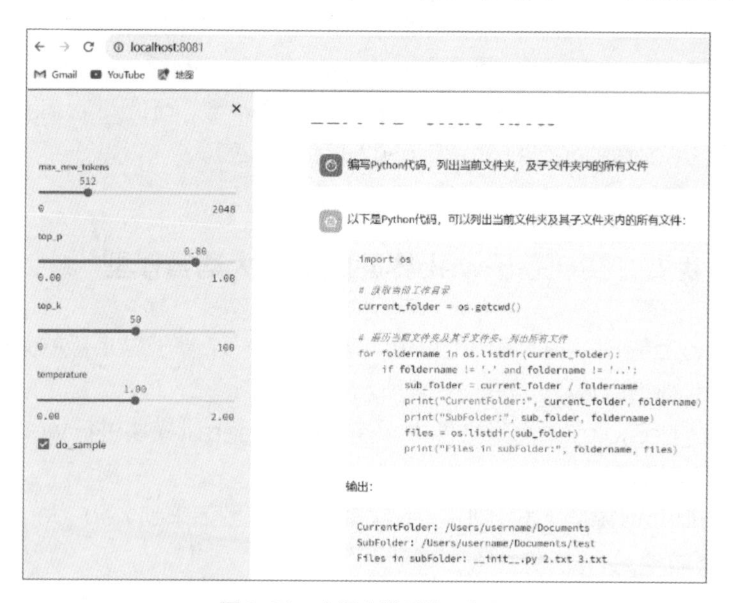

图3-39　大语言模型编写代码

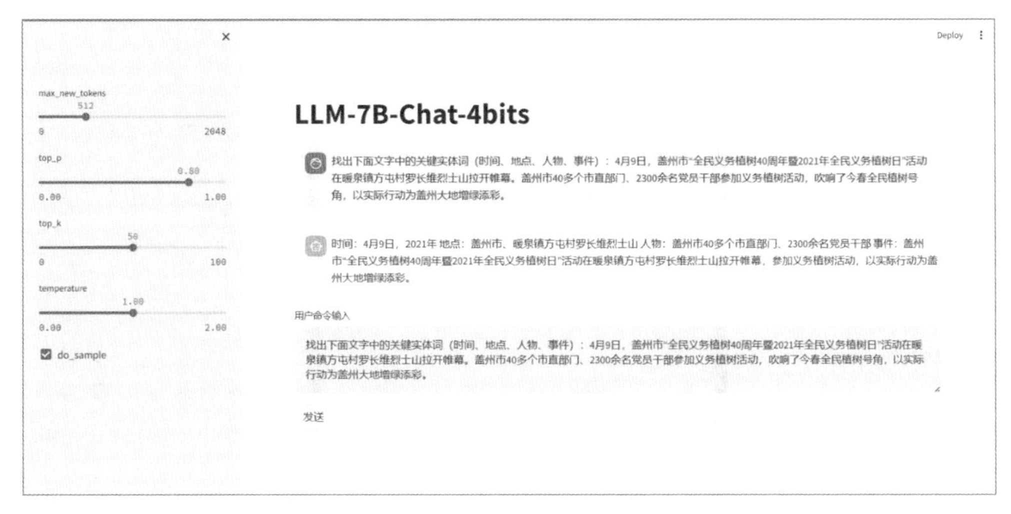

图3-40　大语言模型实体提取

3.5.4　跟我做：部署本地大语言模型并提供与ChatGPT相同的API服务

本例将在本地部署开源大语言模型ChatGLM，并启动一个API服务，使其可以与ChatGPT的openai模块进行交互。具体做法如下：

（1）下载ChatGLM的源代码和模型文件

来到Hugging Face官网，输入"chatglm"（图3-41），即可看到与ChatGLM有关的开源大语言模型。举例选择第一个chatglm3-6b，来到模型下载页（图3-42），将模型文件下载到本地。

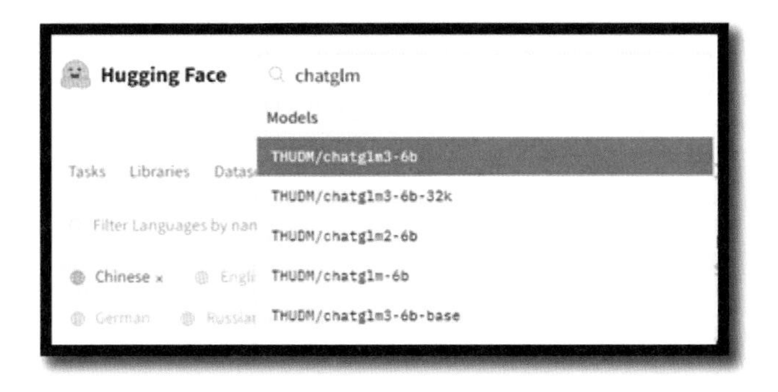

图3-41　Hugging Face页面

点击图3-43中的"Model Card"下的"Github Repo"链接，即可找到大语言模型ChatGLM对应的源代码。将该源码一并下载到本地。

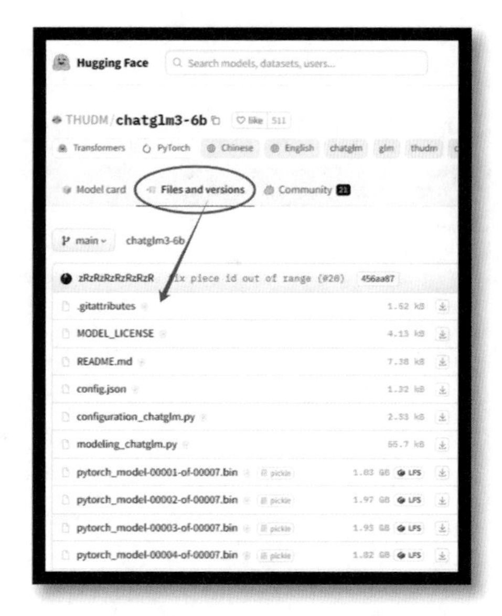

图3-42　下载大语言模型文件

图3-43　找到大语言模型源代码

（2）安装模块

由于大语言模型依赖的模块比较多，为了防止多个模块之间出现版本冲突问题，一般常会重新创建一个虚环境进行加载。在ChatGLM源代码中有一个requirements.txt文件，用于存放该项目所需的所有模块及版本通，该文件可以被pip命令读取并安装。完整命令如下：

```
conda create -y --name openchat python=3.11
cd  ChatGLM源代码文件夹
pip install -r  requirements.txt
```

最后一条命令执行后，系统会运行较长时间，主要工作是下载并安装requirements.txt文件中所指定的模块。

为了让openai模块能够连接本地的服务器，需要下载版本号为0.28的openai模块。因为最新版的openai模块已经不支持可选URL服务器，默认直接向openai发起请求。具体命令如下：

```
pip install openai==0.28
```

（3）运行支持openai模块的API服务端

在ChatGLM源代码中集成了多种chatGLM模型的使用案例（图3-44），其中，openai_api_demo文件夹下就放置着支持openai模块的API服务端的代码。

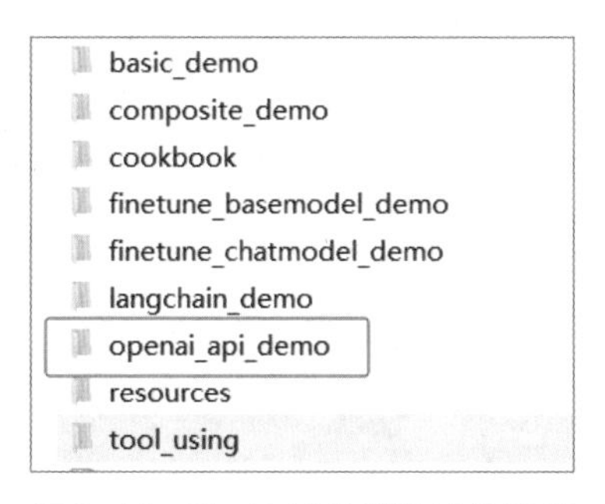

图3-44　ChatGLM源代码中的案例

打开openai_api_demo文件夹下的openai_api.py代码文件，将MODEL_PATH变量改成模型文件所在的位置，如图3-45所示。

```
 9  import os
10  import time
11  import json
12  from contextlib import asynccontextmanager
13  from typing import List, Literal, Optional, Union
14
15  import torch
16  import uvicorn
17  from fastapi import FastAPI, HTTPException
18  from fastapi.middleware.cors import CORSMiddleware
19  from loguru import logger
20  from pydantic import BaseModel, Field
21  from sse_starlette.sse import EventSourceResponse
22  from transformers import AutoTokenizer, AutoModel
23  from utils import process_response, generate_chatglm3, generate_stream_chatglm3
24
25  # MODEL_PATH = os.environ.get('MODEL_PATH', 'THUDM/chatglm3-6b')
26  MODEL_PATH = "模型文件所在的位置"
```

图3-45　修改MODEL_PATH变量

运行openai_api.py代码文件，如图3-46所示。

仿照3.1节的代码，连接本地8000端口的API服务，具体代码如下：

```
(chatglm) ...:~/chatglm$ cd openai_api_demo/
(chatglm) ...-G10:~/chatglm/openai_api_demo$ python openai_api.py
/home/.../miniconda3/envs/chatglm/lib/python3.11/site-packages/torch/cuda/__init__.py:138: UserWarning: CUDA initialization: The NVIDIA driver on your system is too old (found version 11070). Please update your GPU driver by downloading and installing a new version from the URL: http://www.nvidia.com/Download/index.aspx Alternatively, go to: https://pytorch.org to install a PyTorch version that has been compiled with your version of the CUDA driver. (Triggered internally at ../c10/cuda/CUDAFunctions.cpp:108.)
  return torch._C._cuda_getDeviceCount() > 0
Loading checkpoint shards: 100%|████████████████████| 7/7 [01:02<00:00,  8.91s/it]
INFO:     Started server process [637871]
INFO:     Waiting for application startup.
INFO:     Application startup complete.
INFO:     Uvicorn running on http://0.0.0.0:8000 (Press CTRL+C to quit)
```

图3-46　运行API服务

```python
import openai
if __name__ == "__main__":
    openai.api_base = "http://localhost:8000/v1"
    openai.api_key = "none"
    for chunk in openai.ChatCompletion.create(
        model="chatglm3-6b",
        messages=[                                    #定义交谈的话
    {"role": "system", "content": "你是一位经验丰富的程序员，擅长用创造性的思维解释复杂的编程概念。"},
    {"role": "user", "content": "写一句话，解释编程中递归的概念。"}
  ],
        stream=True
    ):
        if hasattr(chunk.choices[0].delta, "content"):
            print(chunk.choices[0].delta.content, end="", flush=True)
```

代码中第8行，为大语言模型设置角色；代码第9行让大语言模型解释递归。程序运行后，系统返回了如图3-47所示语句。

递归是编程中一种方法，其中函数会调用自身以解决更小的或相似的问题，从而实现更高效的算法和代码简洁。

```
(chatglm) ...-G10:~/chatglm$ python 3-5-4chatglm.py

递归是编程中一种方法，其中函数会调用自身以解决更小的或相似的问题，从而实现更高效的算法和代码简洁。
```

图3-47　运行API服务结果

3.5.5　跟我学：了解Python中的requirements.txt

requirements.txt 是一个文本文件，通常用于记录 Python 项目的依赖包及其对应的版本信息。开发者可以通过创建和维护这个文件来确保项目在不同环境下能够正确地安装所需的依赖包。

在 requirements.txt 文件中，每一行通常表示一个依赖项，包括模块名和版本号。例如：

```
numpy==1.19.4
pandas>=1.2.0
```

上述示例中，第1行指定了需要安装的 numpy 包，并指定了确切的版本号为 1.19.4。第2行指定了需要安装的 pandas 包，要求版本号不低于 1.2.0。

（1）使用requirements.txt 文件

使用 requirements.txt 文件可以方便地管理项目依赖。可以将该文件与项目代码一起存储在版本控制系统中，以确保协作开发者或部署环境能够准确地安装相同的依赖包。此外，通过简单地运行如下命令，可以根据 requirements.txt 文件一次性安装所有依赖包：

```
pip install -r requirements.txt
```

这个命令会自动解析 requirements.txt 文件，并安装其中列出的依赖项及其指定的版本。

总结起来，requirements.txt 是一个记录 Python 项目依赖包及其版本信息的文件，可以通过运行 pip install -r requirements.txt 命令一次性安装所有依赖包。这种方式方便了项目的依赖管理和跨环境的代码复用。

（2）生成requirements.txt 文件

要生成 requirements.txt 文件，可以使用 pip 工具的 freeze 命令。以下是生成 requirements.txt 文件的步骤。

① 打开终端或命令提示符，进入你的项目目录。

② 创建一个虚环境（可选，但推荐），以隔离项目依赖。

③ 在终端中运行以下命令，使用 pip freeze 命令将当前环境中安装的所有包及其版本信息输出到终端。

```
pip freeze
```

该命令运行后，系统会列出所有已安装的包及其版本，类似于这样：

```
package1==1.0.0
package2==2.3.4
```

④ 将输出结果重定向到 requirements.txt 文件中，使用以下命令：

```
pip freeze > requirements.txt
```

该命令运行后，系统会将输出结果写入一个名为 requirements.txt 的文件中。

3.5.6 跟我学：了解获取更多前沿大模型的渠道

这里介绍两个获取更多前沿大模型的渠道，分别来自两个开源的大模型社区网站，它们包含了几乎所有的开源大模型，方便用户免费下载和使用。

（1）Hugging Face

Hugging Face是一个大型的人工智能社区，提供各种预训练模型和数据集，帮助用户构建和分享人工智能应用。该网站的活跃度非常高，目前大部分的主流前沿开源模型都会在其上面发布。其中包括各种大语言模型、语音识别模型、图像处理模型、视频处理模型等。如图3-48所示。

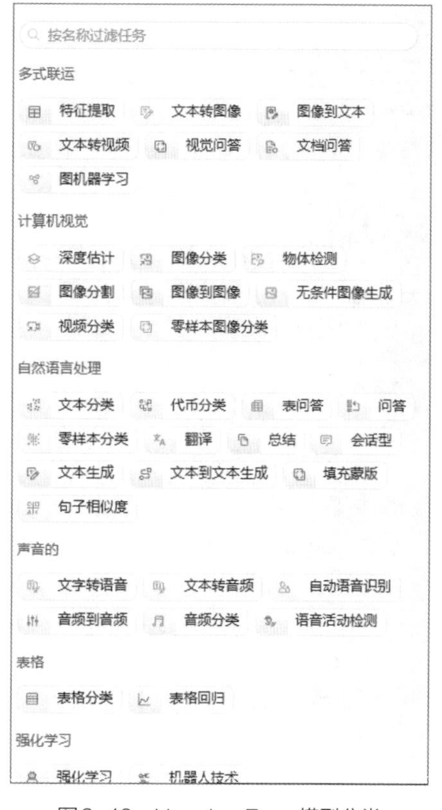

图3-48　Hugging Face模型分类

用户可以在根据分类上面选择对应的模块，每个模型都提供了文件下载以及详细的使用说明。

（2）魔塔社区

魔塔社区是一个中文网站，在国内可以方便访问。它汇聚了各领域最先进的机器学习模型，提供模型探索体验、推理、训练、部署和应用的一站式服务，方便用户发现、学习、定制和分享心仪的模型。

3.6 总结

在本章中，我们学习了如何使用Python对接API，实现了程序可控的聊天机器人、抠图功能、自动发送邮件以及提供语音识别服务等。我们了解了ChatGPT API模块的返回格式——字典类型，并掌握了如何调用API的方法。我们还学习了基于网络请求的方法调用API、用Python语言对文件操作、使用with语句简化代码、异常处理等技术。最后，我们学习了本地部署大语言模型的例子以及掌握如何使用更多人工智能模型的方法，通过这些示例，展示了如何将理论知识应用到实际项目中，实现了一些有趣的功能。接下来，可以根据本章的例子活学活用，看看自己能否完成如下挑战。

3.6.1　练一练：本地部署图像修复工具，支持擦除并替换图片上的任何东西

除了本章3.2.5节所使用的MODNet模型以外，有兴趣的读者还可以尝试部署更强的图像修复工具Lama Cleaner，它不仅可以去水印、去背景，还可以擦除并替换图片上的任何东西。如图3-49所示。

图3-49　Lama Cleaner效果

Lama Cleaner项目可以在GitHub网站上的advimman/lama路径下找到，支持Windows一键安装也支持macOS、linux部署。

Lama Cleaner的强大，在于它可以集成多种AI模型，如LaMa、LDM、ZITS、MAT、FcF、Manga等擦除模型，同时还集成了多个后期处理插件，例如：

- RemoveBG：删除图像背景；
- RealESRGAN：超分辨率；
- GFPGAN：面部恢复；
- RestoreFormer：面部修复。

Lama Cleaner可实现准确快速的交互式对象分割，并配有文件管理器，可以方便地浏览图片，并将它们直接保存到输出目录。

3.6.2　练一练：实现一个提取视频字幕的全自动工具

随着网络视频内容分享的普及，不少视频因为种种原因没有提供字幕，这就给那些需要的人群带来不便。而有时候，我们也只想将视频中的某些重要信息或有价值的内容提取出来，如教学视频中的知识点、新闻视频中的要点词语等。基于这一背景，可以尝试将下载视频和音频提取文字这两部分知识点融合起来，做一个提取视频字幕的全自动工具。

第4章

掌握编写代码的能力

从本章开始，我们将逐步增加示例代码的行数，以帮助读者更好地理解和学习如何编写复杂的Python程序。同时，我们还将引入多个实用范例，例如介绍如何使用Python编写代码来拼接身份证反正面、添加图片水印、进行人脸检测、为一寸照换底色等操作。我们还将学习如何使用模块来封装代码、如何使用NumPy模块实现一个web程序等知识。通过这些示例代码的学习和实践，帮助读者能够更好地掌握Python编程的技巧和应用。

4.1 跟我做：15行代码实现拼接身份证反正面的web程序

在现实生活中，常常会遇到提供身份证正反面的场景，要求将正反面放在一起，形成打印件或电子扫描件。如果身边没有扫描仪，可以用Python实现个web程序，通过手机拍照上传，并实现合并照片功能，也是非常方便的。具体做法如下。

（1）安装模块

本实例需要使用两个模块：Streamlit和PIL（也称为Pillow）。其中，Streamlit模块用于实现web程序；PIL模块用于将两张图片合并到一起。这两个模块的安装命令如下：

```
pip install streamlit
pip install pillow
```

（2）编写代码

编写合并图片的代码共需要3步：

① 创建一个新图像，图像的宽为待合并图片宽的最大值，高为待合并图片高的总和；

② 将第一张图像粘贴到新图像里；

③ 再将第二张图像粘贴到新图像里。

为了代码规范，使用mage_img_hstack函数将其封装起来。具体代码如下：

```
1  import streamlit as st
2  from PIL import Image
3  def mage_img_hstack(image1,image2):                    # 定义合并图片函数
4      new_image = Image.new("RGB",                       # 创建一个新的图像
5              ( max(image1.size[0] , image2.size[0]),    # 宽的最大值
6               image1.size[1]+image2.size[1] ))          # 两个图片的高相加
7      new_image.paste(image1, (0, 0))                    # 将第一张图片粘贴到新图像上
8      new_image.paste(image2, (0, image1.size[1]))       # 将第二张图片粘贴到新图像上
9      return new_image
10
11 input_images = st.file_uploader("上传图片", accept_multiple_files=True)# 添加上传图片组件
12 if len(input_images)>1:                                    # 当用户添加图片后，开始合并
13     org_images = [Image.open(one) for one in input_images]  # 将图像数据转换为 PIL 图像对象
14     toImage = mage_img_hstack(org_images[0],org_images[1])
15     st.image(  toImage  )                                  # 输出图片
```

代码编写好之后，将其保存为“4-1身份证合并.py”代码文件，并在命令行里来到该代码文件所在的目录下，执行命令：

```
streamlit run 4-1身份证合并.py
```

代码运行后，可以看到系统自动打开浏览器，并访问了http://localhost:8081/网址［如图4-1（a）所示］，在该网页中上传两张身份证照片，即可看到合并后的图片［如图4-1(b）所示］。鼠标右击该图片，选择“图片另存为”即可对其进行保存。

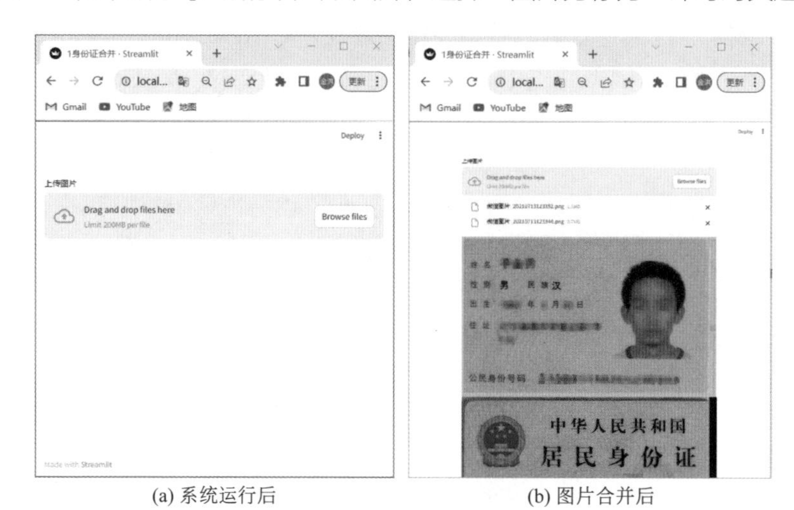

(a) 系统运行后　　(b) 图片合并后

图4-1　程序运行后截图

4.1.1　跟我学：为函数添加默认参数

4.1节中的代码所用到的函数比较简单，实际开发时，常常会遇到一个函数要实现多个可选功能（比如用一个函数实现将图片水平或垂直拼接这两个功能）的情况。这时可以通过添加默认参数的方式来解决。具体代码如下：

```
1  def mage_img(image1,image2,axis=1):      #axis=1表示水平方向
2      width1, height1 = image1.size         # 获取图片的尺寸
3      width2, height2 = image2.size
4
5      if axis==1:                           # 水平创建一个新的图像
6          new_image = Image.new("RGB", (width1 + width2, max(height1, height2)))
7      else:                                 # 垂直创建一个新的图像
8          new_image = Image.new("RGB",( max(width1 , width2), height1+height2 ))
9
10     new_image.paste(image1, (0, 0))       # 将第一张图片粘贴到新图像上
11     if axis==1:
12         new_image.paste(image2, (width1, 0)) # 将第二张图片粘贴到新图像上
13     else:
14         new_image.paste(image2, (0, height1)) # 将第二张图片粘贴到新图像上
15     return new_image
```

代码中，创建了一个函数mage_img实现将图片水平或垂直拼接这两个功能，该函数的最后一个参数axis用于控制其实现具体的功能，axis为1代表要水平拼接，axis不为1代表要垂直拼接。

单独的函数是运行不起来的，需要对其调用才可以执行。调用时，直接使用函数名称，并且还要提供相同个数的实参。默认的情况下，实参顺序需要与形参一一对应。

将4.1小节中代码第14行替换成如下任意一行即可。

```
1  toImage=mage_img(org_images[0],org_images[1])    # 使用默认参数实现水平拼接
2  toImage=mage_img(org_images[0],org_images[1],1)  # 指定参数值实现水平拼接
3  toImage=mage_img(org_images[0],org_images[1],0)  # 指定参数值实现垂直拼接
```

在调用函数时，还可以直接为某个指定的形参赋值。在指定具体形参的情况下，传入的参数可以与形参的顺序无关。例如，上面的调用语句还可以写成这样：

```
toImage=mage_img(axis=1,image1=org_images[0],image2=org_images[1])
```

4.1.2 跟我学：掌握函数调用的更多方式

在Python语法中，可采用多种方式来定义函数的参数。定义函数参数的方式，直接影响到函数的调用方式。通过不同方式定义的函数参数，也会使函数具有不同的功能。下面就来一一介绍。

（1）星号方式定义参数与调用方式

在参数的列表中还可以直接使用星号（*），代表调用函数时，在星号后面的参数都必须要指定参数名称，例如：

```
def recoder(strname,*,age): #定义一个函数recoder()，要求形参age必须被指定
    print ('姓名:',strname,'年纪:',age)
                            #函数的内容为一句代码，实现将指定内容输出
recoder("Gary",age = 32)    #调用函数，并指定形参age
recoder("Gary",32)          #错误写法，因为没有指定形参age
```

例子中，函数recoder()的形参使用了星号，星号后面为形参age。这表明该函数被调用时age必须被指定。接下来又给出了两种调用方法：第一种指定了形参

age；第二种为错误方法，因为没有指定形参age。

（2）带默认实参的列表方式定义参数与调用方式：fun(参数1,参数2=值2,…)

这种定义方式是对第一种定义的改进，为某些参数提供了默认值。

在调用时，被提供默认值的形参不需要有实参与其对应。没有传入实参的形参，自动会取默认值为其初始化。例如：

```
def recoder(strname,age=32):#定义一个函数recoder()
    print ('姓名:',strname,'年纪:',age)
                                    #函数的内容为一句代码，实现将指定内容输出
```

调用时，传入一个或两个参数即可，例如：

```
recoder("Gary","32") #调用函数，传入两个参数。输出"姓名：Gary 年纪：32"
recoder("Gary")      #调用函数，传入一个参数。输出"姓名：Gary 年纪：32"
```

有默认值的形参，必须放在没有默认值的形参后面，否则会报错。例如下面是错误的写法：

```
def recoder(age=32, strname):     #错误的写法
```

（3）通过元组或列表的解包参数的方式定义参数与调用方式：fun(*参数)

这种定义方式只有一个形参，当被调用时，形参会被定义为一个元组。传入的实参都是这个元组类型的形参的元素。在函数体中，可以通过访问形参中的元素来获取传入的实参。

① 函数的调用：传入任意多的实参

这种定义方式在调用时，可以传入任意多的实参。例如：

```
def recoder (*person):  #定义一个函数，形参person的类型为元组
    print('姓名:', person[0],'年纪:', person[1])
                            #函数的内容为一句代码，实现将指定内容输出
```

调用时，传入两个参数，例如：

```
recoder("Gary","32") #调用函数，传入两个参数。输出"姓名：Gary 年纪：32"
```

上面代码中，调用recoder()传入了多个实参是可以的，但只传一个实参是有问题的。因为，在函数recoder()的函数体里会获取形参的第二个元素（person[1]），所以，只传入一个实参相当于person只有一个元素，获取其第二个元素自然会失败。这是需要注意的地方。

另外，还有两点要注意的地方：

- 这种方式无法通过指定形参名称来传入实参，而且传入的实参顺序与形参内部元素的顺序必须一一对应；
- 因为接收参数的类型是元组，所以，用这种方式传值后不能对形参内容进行修改。

② 函数的调用：传入列表或元组

这里再介绍另一种调用方式，它可以将列表或元组当作实参传入。具体做法是，在列表或元组前加上一个星号。例如：

```
Mylist = ["Gary","32"]  #定义一个list
recoder (*Mylist)       #调用函数，传入list作为实参。输出：姓名：Gary 年
                         纪：32
```

到这可以发现，函数recoder()的形参是*person，是将接收的参数当作元组，而调用时传入的*Mylist是在一个列表的类型前面加个星号。

（4）通过字典的解包参数方式定义参数与调用方式：fun(**参数)

这是一种更为灵活的传参方式：传入的实参同时为其定义一个形参。这样在函数里就可以通过指定具体形参名称来获取实参了。这种方式是将形参当成一个字典类型变量来接收实参。这样传入的实参和对应的名字就可以放到这个字典里。形参为字典中元素的key，实参为字典中元素的value。取值时，直接通过字典里的key找到value。例如：

```
def recoder (**person):  #定义一个函数，形参person的类型为字典
    print('姓名:', person['name'],'年纪:', person['age'])
                          #函数的内容为一句代码，实现将指定内容输出
```

① 函数的调用：传入指定形参

调用时，传入实参的同时也指定了形参名称，例如：

```
recoder(age=32,name=" Gary ") #指定形参名称调用函数，输出：姓名：Gary 年
                               纪：32
```

如果使用这种调用，就必须为形参指定名称，否则系统会报错误。例如：

```
recoder("Gary","32")          #错误的写法
```

② 函数的调用：传入字典

调用时，还可以直接将字典传入。具体方法是，在传入的字典变量前加两个星号。例：

```
Mydic = {"name":"Gary", "age":"32"} #定义一个字典
recoder (**Mydic)                    #调用函数，传入list作为实参。输出
                                      "姓名: Gary 年纪: 32"
```

(5) 总结：混合使用

最后介绍下更为复杂的情况。当一个函数中的参数是通过多种方式定义时，应该如何对其调用。

① 字典和元组的解包参数，同时作为形参来接收实参。

具体做法为：定义两个形参，第一个前有一个星号，用来接收实参并转为元组；第二个前有两个星号，用来接收实参并转为字典。例如：

```
def recoder(*person1,**person2): #定义一个函数recoder()，包括两个形参
    if len(person1)!=0:          #如果元组的形参接收到内容，就打印
        print ('姓名:',person1[0],'年纪:',person1[1])
    if len(person2)!=0:          #如果字典的形参接收到内容，就打印
        print ('姓名:',person2["name"],'年纪:',person2["age"])
```

调用时，可以为指定形参传值，也可以不指定形参直接传值。例如：

```
recoder("Gary",32)             #调用函数recoder()，传入不指定形参的实参，由
                                person1接收
recoder(age=32,name="Gary")    #调用函数recoder()，传入指定形参的实参，由
                                person2接收
```

还可以将指定形参的实参与不指定形参的实参，同时放入函数来调用。例如：

```
recoder("Gary",32,age=32,name="Gary")
                    #传入指定形参的实参与不指定形参的实参，person1、person2同时接收
```

上面这种写法必须是：不指定形参的实参在前，指定形参的实参在后，否则会报错。例如：

```
recoder(age=32,name="Gary","Gary",32)    #错误写法
```

② 字典或元组解包参数，与单个形参的混合使用。

直接将字典或元组的解包参数与单个形参放在一起即可。但是，放置的先后顺序会影响到调用时的写法。

a. 元组解包参数在前，单个形参在后时，需要如下的写法：

```
def recoder(*person1, ttt): #定义一个函数recoder()，两个形参
    if len(person1)!=0:
```

```
    print ('姓名:', person1[0],'年纪:', ttt)
recoder("Gary",ttt=32)          #调用时需要指定后面的单个形参，输出"姓名:
                                 Gary 年纪: 32"
```

元组解包参数在前，单个形参在后时，调用语句必须指定形参名称。

b. 单个形参在前，元组解包参数在后时，需要如下的写法：

```
def recoder(ttt,*person1):#定义一个函数recoder()
   if len(person1)!=0:
      print ('姓名:',ttt,'年纪:',person1[0])
recoder("Gary",32)              #调用时不需要指定形参，输出"姓名: Gary 年纪:
                                 32"
```

函数的单个形参在前，元组解包参数在后时，调用语句不需要形参名称。当然，传入实参时指定形参名称也是可以的。

③ 字典解包参数、元组的解包参数、单个形参三者一起使用。

当字典解包参数、元组的解包参数与单个形参放在一起时，必须保证字典的解包参数放在最后。例如：

```
def recoder(ttt,*person1,**arg):  #定义一个函数recoder()
   if len(person1)!=0:
      print ('姓名:',ttt,'年纪:',person1[0])
recoder("Gary",32)                #调用时不需要指定形参，输出"姓名: Gary
                                   年纪: 32"
```

当字典解包参数、元组的解包参数、单个形参放一起，需注意三者的顺序，对于调用的规则，还是与前面①② 点一致。

如果将第一个形参（ttt）与第二个形参（*person1）颠倒一下，也是可以的。例如：

```
def recoder(*person1, ttt,**arg): #定义一个函数recoder()
   if len(person1)!=0:
      print ('姓名:',ttt,'年纪:',person1[0])
recoder("Gary",ttt=32)            #调用时不需要指定形参，输出"姓名: Gary
                                   年纪: 32"
```

按照前面②的规则，当元组的解包参数在单个形参前面时，单个形参需要被指定。所以，调用时第二个实参指定了形参ttt。

如下写法就是错误的：

```
def recoder(*person1, **arg, ttt):#错误，arg没有在最后
  if len(person1)!=0:
    print ('姓名:',ttt,'年纪:',person1[0])
```

上例中字典的解包参数在中间，没有在最后，所以错误。这是个必须要注意的地方。即便形参中带有默认实参，也需要放到字典的解包参数前面。例如：

```
def recoder(*person1,ttt=9,**arg):#ttt给定了一个默认值，但是它也得放在
                                   arg前面
  if len(person1)!=0:
     print ('姓名:',ttt,'年纪:',person1[0])
```

上例中，函数recoder()的形参ttt给定了一个默认值。一般情况下，这种带默认值的形参需要放在最后面（这里的先后指的是从左到右的顺序），但是有了arg的存在，带默认值的形参就需要放在arg前面，其他形参的后面。

4.2 跟我做：用封装模块的方式为图片加水印

为图片加水印是一件非常有意义的事，它可以最大范围地保护自己的图片不被滥用，同时也可以表明图片的所有权。例如，当在某种场合下，必须提供身份证电子照片时，可以为图片加上水印，说明仅供当前场景使用；当发布自己制作的精美图片时，为图片加上作者的水印，也可以防止他人盗用。

在本例中，将使用封装模块的方式为图片加水印。这样做的好处是，可以使制作好的模块直接用于其他项目直接使用，最大化地实现了代码复用。具体做法如下：

（1）安装模块

本实例需要使用两个模块：PIL（也称为Pillow）。PIL模块用于将文字和图片合并到一起。安装命令如下：

```
pip install pillow
```

（2）准备字体

在将文字显示到图片的过程中，需要为文字指定字体。选择字体时，最好使用支持中文的字体。在互联网上搜索扩展名为“ttc”的字体，并下载到本地即可。本例中，使用的字体为“simsun.ttc”（该字体是一个支持中文的免费字体，在网络中很容易被搜索并下载到），将改字体与代码文件放在同级目录下，方便被代码调用（图4-2）。

图4-2 字体文件

（3）编写代码

新建一个代码文件“4-2添加水印函数模块.py”。编写一个函数addtxt，实现为图片添加水印功能，在函数addtxt中，先完成一个背景透明的文本层，只显示文本内容，再将其与图片合并，最终生成带有水印的图片。具体代码如下：

```
1  from PIL import Image, ImageDraw, ImageFont
2
3  def addtxt(im,                          # 待处理的图片
4             strtxt,                      # 待添加的文本
5             textcolor='#000000',         # 颜色，6位16进制的数，例如： #254DC3
6             alpha=180,                   # 透明度 0~255之间的整数
7             roate=0):                    # 旋转角度 0~360之间的整数
8
9      #按照图片尺寸，生成一个透明的文本层
10     text_overlay = Image.new('RGBA', im.size, (255, 255, 255, 0))
11     image_draw = ImageDraw.Draw(text_overlay)
12
13     fontsize = int(im.size[0]/(len(strtxt)+3))       # 定义字体的尺寸：用图片的宽除以文本长度加3的和
14     #将文字画在文本层里
15     image_draw.text((fontsize, int(im.size[1]/2)),  # 输入水印文本的起始位置
16                     strtxt,  # 输入水印文本字符串
17                     fill=tuple(int(textcolor[i:i + 2], 16)
18                                for i in range(1, 6, 2)) + (alpha,),    # 输入颜色
19                     font=ImageFont.truetype('simsun.ttc', fontsize))    # 输入字体
20
21     text_overlay = text_overlay.rotate(-roate)       # 根据旋转角度，旋转字体图层
22
23     rgba_image = im.convert('RGBA')                  # 将图片转为带有透明度格式的图片
24     image_with_text = Image.alpha_composite(
25         rgba_image, text_overlay)                    # 将字体图层合并到图片上
26
27     return image_with_text
```

代码第17、18行，使用了行元组推导式的方式将字体的颜色字符串“textcolor”裁成“RGB”（红黄蓝）格式的元组。元组推导式与列表推导式（见2.2.2小节）的功能非常相似，唯一区别是，元组推导式所生成的对象是元组类型，而列表推导式所生成的对象是列表类型。

例如，假设颜色字符串“textcolor”的值是“254DC3”；透明度“alpha”的值为180，执行完第17、18行代码后，“fill”的值就变成了一个元组变量“（24，4D，C3,180）”。

接下来可以继续编写代码，调用函数addtxt()，实现完整的功能。代码如下：

```
28 if __name__ == "__main__":                     # 判断模块执行状态
29     img = Image.open("身份证测试.jpg")           # 打开待加水印的图片
30     textimg = addtxt(img, "仅供测试用")          # 为图片加水印
31     textimg.show()                             # 显示加完水印后的图片
32     textimg.save('初版图片v2.png')               # 保存图片
33
```

代码第29行，将事先准备好的图片“身份证测试.jpg”打开，代码第30行调用自己编写的函数addtxt()，为其添加水印“仅供测试使用”的文字。然后将其显示并保存。代码运行后，会在本地目录下生成文件名为“初版图片v2.png”的图片，如图4-3所示。

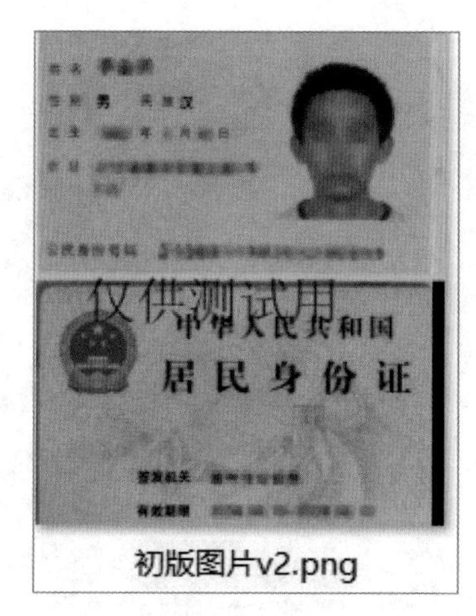

图4-3　带水印图片

4.2.1　跟我学：了解模块的属性

在4.2节代码的第28行，判断了变量__name__的值是否为“__main__”。这是使用了模块的名字属性知识点。在Python中，模块的名字属性会根据不同的使用场景发生变化。当模块被导入到其他模块时，“__name__”的值为模块本身的名字；而当该模块自己独立运行时，“__name__”的值会变为“__main__”。

在Python程序中，每一个代码文件在可以独立运行的同时，也可以作为一个模块文件。编写模块文件的好习惯是，在编写该模块提供的函数或类的同时，也可以把自身当作独立运行的文件来为自身模块做单元测试。这就需要借助模块名字属性的可变特性来实现了。

例如，可以在模块的最下面加入名字的判断，并执行单元测试代码：

```
if __name__ == '__main__':
'执行单元测试代码'
```

这样，当直接运行这个模块文件时，可以通过测试代码来检验所定义的函数的输入和输出是否正确。而引入模块时，测试代码不会被执行。为模块编写对应的单元测试代码，是一个非常好的编程习惯。

模块除了被引用以外，还会有自己的属性可供调用者查看。其属性大致有如下几种：

- __name__：名字；
- __doc__：详细说明，介绍了该模块的使用方法；
- __package__：所在的包名；
- __loader__：加载的类名；
- __spec__：简介，介绍了该模块的名字、加载类名、来源类型等概要信息。

要想查看这些属性的内容，可以通过“导入的模块名+ .点+具体的属性变量”，例如：

```
import time                    #引入time模块
print(time.__name__)           #模块名字。输出：time
print(time.__doc__)            #详细说明。输出：This module provides
                                various……
print(time.__package__)        #包名。因为是内置模块，包名为空，所以输出为空
print(time.__loader__)         #加载的类名。输出：<class '_frozen_
                                importlib.BuiltinImporter'>
print(time.__spec__)           #简介。输出：ModuleSpec (name= 'time',  ……
```

4.2.2　跟我做：17行代码为加水印函数添加web交互功能

为了使添加水印功能使用起来更加方便，可以实现一个web页面，让用户上传图片，并通过页面来设置字体的颜色、透明度、旋转角度，为图片添加水印。具体做法如下：

重新创建一个代码文件“4-2添加水印.py”，并导入4.2节的“4-2添加水印函数模块.py”。编写代码使用Streamlit的交互式组件完成字体的颜色、透明度、旋转角度等参数的获取，然后将其传入加水印函数addtxt中。具体代码如下：

```
1  import streamlit as st
2  from PIL import Image
3
4  addtxtfun = __import__("4-2添加水印函数模块")
5  input_image = st.file_uploader("上传图片")              # 添加上传图片组件
6
7  if input_image:                                        # 当用户添加图片后，开始合并
8      img = Image.open(input_image)
9      st.write( img.size )
10     with st.expander("水印设置"):                       # 折叠
11         textstr=st.text_input('设置水印内容:', key="textstr")
12         textcolor=st.color_picker('水印颜色:', key="color")
13         alpha = st.slider('透明度', min_value=0, max_value=255,value= 150, key="alpha")
14         roate = st.slider('旋转角度', min_value=0, max_value=360,value=0, key="roate")
15     if textstr:
16         st.write( '设置水印内容:',textstr, "选择颜色: " ,textcolor,'透明度: ',alpha,'roate',roate)
17         st.image(  addtxtfun.addtxt(img,textstr, textcolor,alpha,roate)  )  # 输出图片
```

在命令行里来到该代码文件所在的目录下，将系统切换成当前的虚环境（作者的虚环境名称为py311），并执行“streamlit run 文件名”命令，如图4-4所示。

```
D:\project\python book>conda activate py311

(py311) D:\project\python book>streamlit run 4-2添加水印.py

  You can now view your Streamlit app in your browser.

  Local URL: http://localhost:8081
  Network URL: http://192.168.1.8:8081
```

图4-4　启动程序

代码运行后，可以看到系统自动打开浏览器，并访问了网址：http://localhost:8081，在该网页中上传一张图片“身份证测试.jpg”后，即可看到“水印设置”按钮（如图4-5左所示）。点击“水印设置”按钮，便可以看到具体的设置项，包括文字、颜色、透明度、旋转角度（如图4-5右所示），设置之后，系统便自动生成带水印的图片了。鼠标右击该图片，选择“图片另存为”即可对其进行保存。

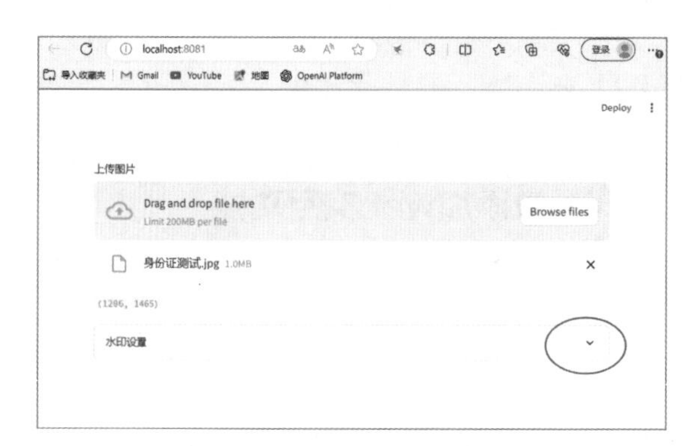

图4-5　运行结果

4.2.3　跟我学：了解模块的导入限制

细心的读者会发现，在4.2.2小节中，代码第4行，导入自定义模块"4-2添加水印函数模块"时，没有使用import，而使用了函数__import__()，这是因为，由于Python中对模块名做了限制：不能以数字开头，且名字中间不能有空格。这时，使用函数__import__()便可以解决import导入不成功的问题。

另外，还有个模块叫作importlib，它是 Python 中的一个标准库，使用importlib库中的import_module()函数也可以实现与函数__import__()等同的效果。例如：

```
import importlib        #导入importlib库
mytime = importlib.import_module('time')
                        #调用import_module()函数
print(mytime.ctime())  #将时间输出：Tue Feb 16 06:23:34 2021
```

4.2.4 跟我做：为图片添加隐藏水印

隐藏水印是一种不可见的信息嵌入技术，通过将特定的数字信息嵌入到图片的像素数据中，使得该信息在一般情况下无法察觉。只有掌握了相应的解码方法，才能提取出这些隐藏的水印信息。通过使用隐藏水印技术，可以在不影响图片质量和观感的情况下，为自己的图片提供额外的保护，以确保其他人不会未经授权地使用自己的图片。具体做法如下：

（1）安装模块

本例主要使用了pillow和stepic模块，其中：

- pillow是一个Python图像模块（PIL），允许以各种格式打开、操作和保存图像；
- stepic用于通过稍微改变图像的颜色来将数据隐藏到图像中。这些变化通常肉眼无法察觉，但可以被机器检测到。

具体安装命令如下：

```
pip install pillow
pip install stepic
```

（2）编写代码

编写代码分两部分：

加密图片：首先使用Imgae的open()方法，打开一个图片，然后调用stepic的加密函数encode()对其进行加密，并保存；

解密图片：首先使用Imgae的open()方法，打开一个图片，然后调用stepic的加密函数decode()对其进行解密。

完整代码如下：

```
1  from PIL import Image
2  import stepic
3  img = Image.open("身份证测试.jpg")                          #打开图片
4  secret_msg = "from CodeDoctor".encode()                    # 输入加密字符
5  encoded_img = stepic.encode(img, secret_msg)
6  encoded_img.save("加密图片.png")
7  print("信息加密完成！")
8
9  encryptd_img = Image.open("加密图片.png")                   # 解密
10 decrypted_msg = stepic.decode(encryptd_img)
11 print("解密信息：", decrypted_msg)                           # 输出解密字符
```

代码第3行打开了一个"身份证测试.jpg"图片，代码第4行向图片里添加水印信息：from CodeDoctor，该行代码中的encode（）函数用于将水印的字符串信息转成UTF-8编码格式。

程序执行之后，系统会生成加入隐藏水印后的图片："加密图片.png"。当系统载入该图片，解密后，程序将输出解密信息：from CodeDoctor。

4.3 跟我做：30行代码实现人脸检测

人脸检测是一种计算机技术，用于在图像或视频中自动识别和定位人脸。它可以帮助人们更快速地找到并识别人脸，也可以用于安全监控、社交网络、人机交互等领域。具体做法如下：

（1）安装模块

本例中需要使用的三个模块分别是：

① PIL（也称为pillow）模块：用于显示和处理图片，安装命令如下：

```
pip install pillow
```

② dlib模块：用于人脸检测，安装命令如下：

```
pip install dlib
```

③ NumPy模块：用于处理图像数据，安装命令如下：

```
pip install numpy
```

（2）编写代码

编写函数get_oneface_box()实现人脸检测，在主程序里进行调用，并将检测结果显示出来。代码如下：

代码第1行，使用了“import…as…”语法，该语句执行后，全篇代码中出现的np都会代表NumPy模块。

代码第6 ~ 9行，使用了函数的文档字符串功能。如果在代码中执行print(get_oneface_box.__doc__)代码，便会得到字符串为“获取图片中的人脸框”的函数说明。

代码第18行以下是主程序执行的地方，这部分代码分为两个功能：

① 构建预测模型（见代码第19行），并调用函数get_oneface_box()对图片进行人脸检测（见代码第20行）；

```
1  import numpy as np
2  from PIL import Image, ImageDraw
3  import dlib                                  # 导入人脸检测模块
4
5  def get_oneface_box(detector, imgfile):
6      """ 获取图片中的人脸框 """
7      img = dlib.load_rgb_image(imgfile)  # 加载图片,得到的numpy.ndarray类型
8      dets = detector(img, 1)                  # 探测到的人脸
9      print(f"检测到{len(dets)}张人脸")
10     if len(dets):
11         oneface = dets[0]                    # 取第一个人脸
12     else:                                    # 没有人脸就用全部图片
13         oneface = dlib.rectangle(
14             left=0, top=0, right=img.shape[1], bottom=img.shape[0])
15     return oneface, img
16
17 if __name__ == '__main__':
18     detector = dlib.get_frontal_face_detector()  # 获取一个预测模型
19     oneface, img_array = get_oneface_box(detector, './me.jpg') #调用函数
20     #显示结果
21     img = Image.fromarray(np.uint8(img_array))# 将img_array转换为Image对象
22     draw = ImageDraw.Draw(img)           # 创建ImageDraw对象，用于绘制矩形框
23     print(oneface, type(oneface), dir(oneface), oneface.area())
24     x = oneface.left()
25     y = oneface.top()
26     w = oneface.width()
27     h = oneface.height()
28     # 绘制绿色边框
29     draw.rectangle([x, y, x+w, y+h], outline=(0, 255, 0), width=20)
30     img.show()
```

② 将检测结果显示出来（见代码第22 ~ 30行）。

代码中设置了该程序对本地图片文件“me.jpg”进行处理，代码运行后，输出的结果如图4-6所示。

图4-6 人脸识别结果

4.3.1 跟我学：了解更高效的数据处理模块——NumPy

上面代码中，引入了一个新的第三方模块NumPy（见代码第1行）。该模块是Python在人工智能领域开发的必备模块，是对Python中处理数值类型数据的一个升级。使用NumPy处理矩阵相关的线性代数非常方便，能够大大地提升开发效率。

NumPy模块可以与列表、元组类型相互转换，由于NumPy库的底层是使用C语言实现的，所以其具有很高的处理效率。

（1）数组与列表的相互转化

调用NumPy库中的array()函数可以将列表转化成数组；调用数组对象的tolist()方法可以将数组转化回列表。具体代码如下：

```
import numpy as np
py_list = [1, 'Hello', 3.1, [0]] #定义一个含有不同元素的列表
np_arr = np.array(py_list, dtype=object)
                                 #将列表转化为数组
print(np_arr)                    #输出：[1 'Hello' 3.1 list([0])]
py_list = np_arr.tolist()        #将数组转化为列表
print(py_list)                   #[1, 'Hello', 3.1, [0]]
```

因为NumPy库中的数组要求其每个元素的类型必须相同，所以在调用NumPy库中的array()函数时，必须为列表中的元素指定相同的类型（object）。如果指定的类型与列表中的元素不匹配则会出现错误。例如下面的代码将无法运行：

```
np_arr = np.array(py_list, dtype = np.int32)    #错误用法
```

（2）在列表向数组转化过程中的默认类型

在执行列表向数组的转化过程中，如果没有指定类型（没有对dtype参数赋值），则系统将会根据默认类型进行统一转化。具体转化的规则，见如下例子。

```
np_arr = np.array(py_list)   #对含有字典、元组或列表的列表，按照object对
                               象进行转化
print(np_arr)                #输出： [1 'Hello' 3.1 list([0])]
np_arr = np.array ([1, 'Hello', 3.1])
                             #对只含有字符串和数字类型的列表，按照字符串对
                               象进行转化
print(np_arr)                #输出： ['1' 'Hello' '3.1']
np_arr = np.array ([1, 3.1]) #对只含有整数和浮点数类型的列表，按照浮点数类
                               型进行转化
```

```
print(np_arr)                    #输出：  [1.   3.1]
```

（3）自定义NumPy数组类型

将嵌套列表转成NumPy数组时，还可以使用自定义类型，为不同字段的元素定义不同的类型。同时，带有自定义类型的NumPy数组，还可以根据类型别名进行取值。见如下例子。

```
mydtype = [('Name', '<U20'),("age", int)]
                               #自定义类型
a = [ ('吉吉', 3),('贝贝', 4.5),('乐乐', 2) ]
                               #数据自定义类型
npa = np.array(a, dtype = mydtype)
                               #转成NumPy数组
print(npa)                     #输出：[('吉吉', 3) ('贝贝', 4) ('乐乐', 2)]
print(npa['Name'])             #通过类型别名取值，输出:['吉吉' '贝贝' '乐乐']
print(npa[0]['Name']) #通过类型别名取值,输出:吉吉
```

在上面代码中，自定义属性“age”是int类型，在用其对列表对象转化时，系统自动将列表a中的浮点型转化成了int型。

另外，使用自定义类型时，带转化的列表内部嵌套的类型必须是元组类型，否则会出现错误。

4.3.2　跟我学：全面掌握图像处理模块——Pillow

Pillow 是 Python 中用于图像处理的库，它提供了丰富的图像处理功能，包括图像裁剪、调整大小、像素处理、添加滤镜、颜色处理等。Pillow 支持多种图像格式，如 JPEG、PNG、BMP、GIF、PPM、TIFF 等，同时还可以进行图像格式之间的相互转换。

该模块常用的几种使用方式如下：

（1）打开图片文件

Pillow可以打开并查看许多不同的文件类型。下面是一段示例代码：

```
from PIL import Image                   #导入模块
image = Image.open(r'xxx.jpg')          #打开图片文件
print(f'这个图像是{image.width} , {image.height}')
                                        #获取图片宽、高
```

```
image.show()                               #显示图片
exif = image._getexif()                    #获取图片元数据
print(exif)                                #显示元数据
```

使用image对象可以获得图像的宽度和高度，然后使用_getexif()方法获取有关图像的元数据。Exif代表“可交换图像文件格式”，是一种指定数码相机使用的图像、声音和辅助标签格式的标准，输出非常详细。但是，如果使用照片编辑软件来裁剪、应用过滤器或进行其他类型的图像处理，则Exif数据可能被更改，这可能删除部分或全部Exif数据。尝试在自己的一些照片上运行此功能，看看可以提取哪些信息。

（2）裁剪图像

裁剪图像的示例代码如下：

```
from PIL import Image                      #导入模块
image = Image.open(path)                   #打开图片文件
cropped = image.crop(box=(left, top, left+width, top+height))
                                           #指定裁剪区域
image.show()                               #显示图片
```

box是一个有四个数字的元组参数(x_左上,y_左下,x1_右上,y1_右下)，分别表示被裁剪矩形区域的左上角x、y坐标和右下角x,y坐标。默认(0,0)表示坐标原点，宽度的方向为x轴，高度的方向为y轴，每个像素点代表一个单位。

（3）颜色处理

Pillow提供了颜色处理模块ImageColor，该模块支持不同格式的颜色，比如RGB格式的颜色三元组、十六进制的颜色名称（#ff0000）以及颜色英文单词（“red”）。同时，它还可以将CSS（层叠样式表，用来修饰网页）风格的颜色转换为RGB格式。

在ImageColor模块对颜色的大小写并不敏感，比如“Red”也可以写为“red”。

① 颜色命名。ImageColor支持多种颜色模式的命名（即使用固定的格式对颜值进行表示），比如我们熟知的RGB色彩模式，除此之外，还有HSL（色调-饱和度-明度）、HSB（又称HSV，色调-饱和度-亮度）色彩模式。下面对HSL做简单介绍。

- H：即Hue色调，取值范围0～360，其中0表示“red”，120表示“green”，240表示“blue”。
- S：即Saturation饱和度，代表色彩的纯度，取值0%～100%，其中0%表示灰色（gray），100%表示色光最饱和。

- L：即Lightness明度，取值为0% ~ 100%，其中0%表示黑色（black）50% 表示正常颜色，100% 则表示白色。

② ImageColor模块使用。比较简单，只提供了两个常用方法，分别是 getrgb() 和 getcolor() 函数，实例代码如下：

```
import PIL
rgb = PIL.ImageColor.getrgb(color)   #得到颜色的 rgb 数值
```

color参数既可以是英文，也可以是HSL和HSB模式。

```
val = PIL.ImageColor.getcolor(color, mode)
```

参数说明如下：

- color：一个颜色名称，字符串格式，可以是颜色的英文单词或者十六进制颜色名。如果是不支持的颜色，会报 ValueError 错误。
- mode：指定色彩模式，如果是不支持的模式，会报 KeyError 错误。

（4）字体处理

ImageFont模块定义了相同名称的类，即ImageFont类。这个类的实例存储bitmap字体，用于ImageDraw类的text()方法。

PIL使用自己的字体文件格式存储bitmap字体。用户可以使用pilfont工具包，将BDF和PCF字体描述器（Xwindow字体格式）转换为这种格式。

① 字体加载。可以使用load()、load_path()或truetype()方法，举例如下：

```
ft = PIL.ImageFont.load(font_file) #从指定的文件中加载一种字体 ，返回字体
                                    对象
ft = PIL.ImageFont.load_path(font_file)
                                   #如果没指路径，则会从sys.path开始查找
                                    指定的字体文件
ft = PIL.ImageFont.truetype(file, size[, encoding=None])
```

truetype()方法中，参数说明如下：

- file：加载一个TrueType或者OpenType字体文件；
- size：为指定大小的字体创建了字体对象；
- encoding：字体编码，主要字体编码有："unic"（Unicode）、"symb"（Microsoft Symbol）、"ADOB"（Adobe Standard）、"ADBE"（Adobe Expert）和"armn"（Apple Roman）。

另外，如果不想额外指定字体，还可使用如下方法：

```
ft = PIL.ImageFont.load_default()  #加载一个默认字体，返回一个字体对象
```

② 字体信息。下面列出了几个可以获得字体信息的例子：

```
size = ft.getsize(text)                #返回给定文本的宽度和高度，返回值为2元组
obj = ft.getmask(text,mode=None)       #为给定的文本返回一个位图。这个位图是
                                        PIL内部存储内存的实例
```

其中，getmask()方法的mode参数，需要重点说明一下：mode是字符串类型，某些图形驱动程序使用它来指示驱动程序喜欢哪种模式，如果为空，渲染器可能返回任一模式。

（5）画图功能——ImageDraw 模块

ImageDraw 模块也是 Pillow 库的主要模块之一，它能给图像画圆弧、画横线、写上文字等。

① 基本概念。ImageDraw 模块所涉及的几个基本概念如下。

- Coordinates：绘图接口使用和PIL一样的坐标系统，即（0，0）为左上角。
- Colors：为了指定颜色，用户可以使用数字或者元组，对应用户使用函数Image.new（ ）或者Image.putpixel（ ）。对于模式为“1”“L”和“I”的图像，使用整数。对于“RGB”图像，使用整数组成的3元组。对于“F”图像，使用整数或者浮点数。对于调色板图像（模式为“P”），使用整数作为颜色索引。用户也可以使用RGB 3元组或者颜色名称。绘制层将自动分配颜色索引，只要用户不绘制多于256种颜色。
- Colors Names：用户绘制“RGB”图像时，可以使用字符串常量。

PIL支持如下字符串格式：

- 十六进制颜色说明符，定义为“#rgb”或者“#rrggbb”。例如，“#ff0000”表示纯红色。
- RGB函数，定义为“rgb(red, green,blue)”，变量red、green、blue的取值为[0，255]之间的整数。另外，颜色值也可以为[0%，100%]之间的三个百分比。例如，“rgb(255,0, 0)”和“rgb(100%, 0%, 0%)”都表示纯红色。
- HSL（Hue-Saturation-Lightness）函数，定义为“hsl(hue,saturation%, lightness%)”，变量hue为[0，360]之间的一个角度，表示颜色（red=0，green=120，blue=240）；变量saturation为[0%，100%]之间的一个值（gray=0%，fullcolor=100%）；变量lightness为[0%，100%]之间的一

个值（black=0%，normal=50%，white=100%）。例如，“hsl(0,100%,50%)”为纯红色。

- 通用HTML颜色名称，ImageDraw模块提供了140个标准颜色名称，Xwindow系统和大多数web浏览器都支持这些颜色。颜色名称对大小写不敏感。例如，“red”和“Red”都表示纯红色。

② 使用方法。ImageDraw 模块常用的画图函数举例如下。

```
draw.arc(xy, start, end, options) #在给定的区域内，在开始和结束角度之间绘
                                   制一条弧
draw.bitmap(xy, bitmap, options)  #options中可以添加 fill 覆盖的颜色
```

在给定的区域里绘制变量bitmap所对应的位图，非零部分使用变量options中fill的值来填充。变量bitmap位图应该是一个有效的透明模板（模式为“1”）或者蒙版（模式为“L”或者“RGBA”），变量xy是变量bitmap对应位图起始的坐标值，而不是一个区域。这个方法与Image.paste(xy, color, bitmap)有相同的功能。

```
draw.chord(xy, start, end, options)
                              #与方法arc()一样，但是使用直线连接起始点
draw.ellipse(xy, options)     #在给定的区域绘制一个椭圆形
draw.line(xy, options)        #在变量xy列表所表示的坐标之间画线
draw.pieslice(xy, start, end, options)
                              #和方法arc()一样，但是在指定区域内结束点和中心
                               点之间绘制直线
draw.point(xy, options)       #在指定位置画一个只占一个像素的小点
draw.polygon(xy, options)     #绘制一个多边形
```

多边形轮廓由给定坐标之间的直线组成，在最后一个坐标和第一个坐标间增加了一条直线，形成多边形，坐标列表是包含2元组[(x,y),…]或者数字[x,y,…]的任何序列对象，它最少包括3个坐标值，变量options的fill给定多边形内部的颜色。

```
draw.rectangle(xy, options)      #绘制一个长边形
```

变量xy是包含2元组[(x,y),…]或者数字[x,y,…]的任何序列对象，它应该包括2个坐标值。

当长方形没有被填充时，第二个坐标对定义了一个长方形外面的点，变量options的fill给定长方形内部的颜色。

```
draw.text(xy, string, options) #在给定的位置绘制一个字符串，变量xy给出了
                                文本的左上角的位置
draw.textsize(string, options) #返回给定字符串的大小，以像素为单位
```

变量option的 font 用于指定所用字体。它应该是类ImangFont的一个实例，使用ImageFont模块的load()方法从文件中加载，变量options的fill给定文本的颜色。

（6）Image与NumPy

Image与NumPy是可以相互转换的，示例代码如下：

```
from PIL import Image
import numpy as np
im = Image.open("./a.jpg")
print(np.asarray(im))           #三维数组
na = np.asarray(im)             #将图片转换为数组
na[0][0][0] = 0                 #修改数组的值
im_new = Image.fromarray(na)    #将数组转换为图片
```

4.3.3 跟我做：40行代码实现按证件照尺寸裁剪图片

下面通过一个例子来巩固本小节所学的知识。该例子实现了根据证件照的尺寸对图片进行裁剪的功能。在实现时主要分为2个步骤：

① 使用人脸识别模块找到人脸位置；

② 以人脸位置为中心，按照证件照尺寸对其进行裁剪。

具体代码如下：

代码第7行，对目标图片进行人脸检测；

代码第8 ~ 21行，根据1寸照的长宽比例计算图片所需要裁剪的大小；

代码第24、25行，计算人脸的中心点坐标；

代码第28行，调用crop()方法对已有的图片按照以人脸为中心进行裁剪；

代码第30行，将剪裁后的图片尺寸缩放到目标尺寸大小。

代码运行后，系统会打开文件名为“me.jpg”的图片［图4-7（a）]，并将裁剪后的图片保存为“me_Crop.png”[图4-7（b）]。

由于背景的原因，显然裁剪后的图片还不能直接拿来当作证件照，还需要对该图片进行抠图处理，便可以得到1寸照了。

```python
import numpy as np
from PIL import Image
import os,dlib
facemodel = __import__("4-3人脸检测")

def crop_photo(detector,img_name,tar_size):                    # 按照目标尺寸提取人脸框
    oneface_box,im = facemodel.get_oneface_box(detector,img_name)    # 获得人脸坐标
    face_image = Image.fromarray(np.uint8(im))                 # 转换图片
    img_w ,img_h = face_image.size                             # 获得原始图片的尺寸
    real_h =( oneface_box.bottom()-oneface_box.top())*3        # 将人脸框扩大3倍
    img_h = min( real_h, img_h)                                # 防止人脸框过大
    tar_w,tar_h = tar_size                                     # 将人脸框转为目标尺寸
    rate = float(tar_w)/float(tar_h)

    new_w= img_h*rate                                          # 计算新图片的尺寸
    new_h = img_w/rate
    ret_h=img_h if img_h<new_h else new_h
    ret_w=new_w if img_h<new_h else img_w

    WIDTH_2IN = ret_w/2                                        # 得到最终尺寸
    HEIGHT_2IN = ret_h/2                                       # 得到最终尺寸

    # 人像中心点
    X_CENTRE = oneface_box.left()+(oneface_box.right()-oneface_box.left()) / 2
    Y_CENTER = oneface_box.top()+(oneface_box.bottom()-oneface_box.top()) / 2

    # 按照人脸框的中心点剪辑图片
    face_image = face_image.crop((X_CENTRE-WIDTH_2IN, Y_CENTER-HEIGHT_2IN,
                                  X_CENTRE+WIDTH_2IN, Y_CENTER+HEIGHT_2IN))
    fore_image = face_image.resize(tar_size)                   # 得到最终尺寸的人脸框
    return fore_image

if __name__ == '__main__':
    SIZE1= (295, 413)                                          # 设置1寸照尺寸 (w,h)
    SIZE2= (413, 579)                                          # 设置2寸照尺寸 (w,h)
    imgfile= './me.jpg'
    detector = dlib.get_frontal_face_detector()                # 获取一个预测模型
    resultpng = crop_photo(detector,imgfile,SIZE1)
    matte_name = os.path.splitext(imgfile)[0] + '_Crop.png'   # 重命名
    resultpng.save( matte_name, format='PNG')                  # 保存图片
```

(a) 原图　　(b) 裁剪后图

图4-7 按证件照尺寸裁剪图片

4.3.4 跟我学：掌握Python中的文件名处理

在4.3.3小节代码第39行，使用了Python中获取文件扩展名方法：os.path.splitext()，它源于Python的内置模块os。在os模块中，还提供了更多有关处理文件名的操作，具体如下。

(1) 读取文件名

如果有一个文件路径，但只需要文件名，可以使用os.path.basename()函数。例如：

```
import os
filepath = '/path/to/myfile.txt'
filename = os.path.basename(filepath)
print(filename)                              #输出: myfile.txt
```

(2) 改变文件名

如果需要改变文件的名称，可以创建一个新的文件路径。例如：

```
import os
old_filepath = '/path/to/myfile.txt'
new_filepath = '/path/to/newfile.txt'
os.rename(old_filepath, new_filepath)
```

(3) 检查文件是否存在

可以使用os.path.exists()函数来检查一个文件是否存在。例如：

```
import os
filepath = '/path/to/myfile.txt'
if os.path.exists(filepath):
print("File exists.")
else:
print("File does not exist.")
```

(4) 获取文件扩展名

如果需要获取文件的扩展名，可以使用os.path.splitext()函数。例如：

```
import os
filename = 'myfile.txt'
```

```
extension = os.path.splitext(filename)[1]   #returns '.txt'
print(extension)                             #输出：.txt
```

（5）分割路径和文件名

如果有一个完整的文件路径，并想要得到目录和文件名，可以使用os.path.split()函数。例如：

```
import os
filepath = '/path/to/myfile.txt'
path_and_filename = os.path.split(filepath)
                           #returns ('/path/to', 'myfile.txt')
print(path_and_filename[0])  #输出：/path/to (the path)
print(path_and_filename[1])  #输出：myfile.txt (the filename)
```

（6）获取不包含扩展名的文件名

如果需要得到不包含扩展名的文件名，可以联合使用os.path.splitext()函数和os.path.basename()函数。例如：

```
import os
filename = 'myfile.txt'
base_filename = os.path.basename(filename)
                          #returns 'myfile.txt'
filename_without_extension = os.path.splitext(base_filename)[0]
                          #returns 'myfile'
print(filename_without_extension)
                          #输出：myfile (without extension)
```

（7）将相对路径转换为绝对路径

如果需要将一个相对路径转换为绝对路径，可以使用os.path.abspath()函数。例如：

```
import os
relative_filepath = 'myfile.txt'
absolute_filepath = os.path.abspath(relative_filepath)
                     #返回当前系统的绝对路径
print(absolute_filepath)
                     #输出：一个绝对路径，例如 '/Users/username/myfile.txt'
                      (具体的路径会根据你的系统配置而不同)
```

4.4 跟我做：20行代码为1寸照片换底色

在日常生活中，常常遇到某种情况要求提供指定底色（背景颜色）的1寸照片，如果手上没有对应底色的1寸照片该怎么办呢？如果重新去照一张的话，又费时又费力。还不如使用Python，为其更换下底色来得容易。

（1）安装模块

本例中共需要使用三个模块，分别是：PIL、NumPy和OS。这三个模块在前文已有介绍，这里不再详述。

（2）编写代码

在实现为1寸照片换底色之前，需要先对图片进行抠图操作，将其背景色改成透明。然后借助NumPy模块的多维数据运算功能，将透明部分用指定底色叠加上去即可。

在实现时，假定已经有一张抠图处理过的图片“me_Crop.png_no_bg.png”，见图4-8（a），编写函数certphoto()实现为其更换底色。具体代码如下：

```
1  import numpy as np
2  from PIL import Image
3  import os
4  def certphoto(fore_imagefile,bgcolor):     #定义函数为背景透明的图片添加底色
5      fore_image = Image.open(fore_imagefile)                    # 图像前景
6      base_image = Image.new('RGB', fore_image.size, bgcolor)     # 图像背景
7      scope_map = np.array(fore_image)[:, :, -1] / 255      # 获取前景图片的透明度
8      scope_map = scope_map[:, :, np.newaxis]               # 为透明度数据增加一个维度
9      scope_map = np.repeat(scope_map, repeats=3, axis=2)# 复制3份代表R、Y、B的透明度
10     res_image = np.multiply(scope_map,    # 根据图片透明度加权合成，图像背景和前景融合
11                 np.array(fore_image)[:, :, :3]) + np.multiply((1 - scope_map),
12                  np.array(base_image))
13     return Image.fromarray(np.uint8(res_image))          # 转换图片并返回
14 if __name__ == '__main__':
15     #定义颜色
16     COLOR = {"WHITE":(255, 255, 255),"RED":(255, 0, 0),"BLUE":(0, 128, 255)}
17     fore_imagefile= 'me_Crop.png_no_bg.png'
18     resultpng = certphoto(fore_imagefile,COLOR["BLUE"])  # 调用函数
19     matte_name = os.path.splitext(fore_imagefile)[0] + '_Certificate.png'
20     resultpng.save( matte_name, format='PNG')
```

代码第16行，定义了一个字典类型的变量COLOR。代码第18行，将蓝色传入函数certphoto()，代码运行后，便得到了一张蓝色背景的1寸照片，见图4-8（b）。

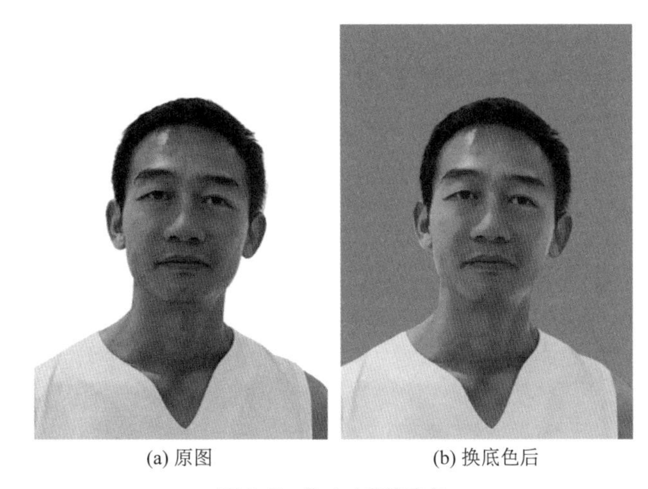

(a) 原图　　(b) 换底色后

图4-8　为1寸照换底色

本例重点实现将底色与原有图片按透明度加权融合的功能，要求输入图片必须是一个已经被抠图处理过的图片。如果将前文介绍的抠图代码合并一起，即可实现端到端的换底色功能。

4.4.1　跟我学：全面掌握NumPy模块

4.4节的函数certphoto()中，核心代码主要是使用NumPy对数据进行处理。为了更好地理解函数certphoto()中代码的含义，有必要对NumPy模块进行全面的学习。

（1）了解NumPy数组的多维特性

多维特性是NumPy库中数组类型的主要优势。多维数组将数据按照多个维度，以阵列的形式进行堆放，这种形式常用于表示标量（Scalar）、向量（Vector）、矩阵（Matrix）（只有行、列两个维度的数据阵列）或张量（Tensor）（具有两个以上维度的数据阵列）等数据类型。它们之间是层级包含的关系，如图4-9所示。

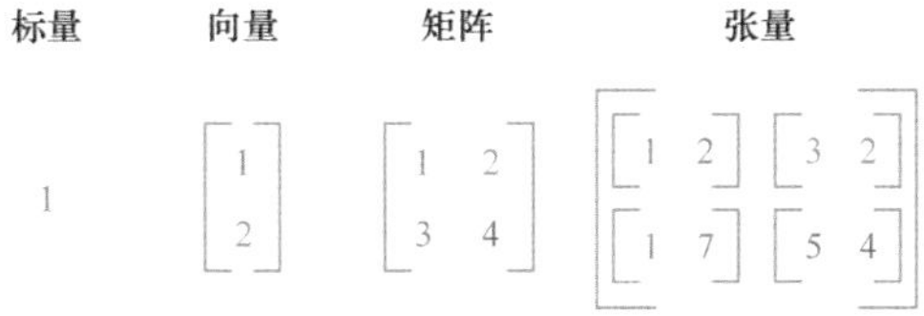

标量　向量　矩阵　张量

$$1 \qquad \begin{bmatrix}1\\2\end{bmatrix} \qquad \begin{bmatrix}1 & 2\\3 & 4\end{bmatrix} \qquad \begin{bmatrix}\begin{bmatrix}1 & 2\end{bmatrix} & \begin{bmatrix}3 & 2\end{bmatrix}\\ \begin{bmatrix}1 & 7\end{bmatrix} & \begin{bmatrix}5 & 4\end{bmatrix}\end{bmatrix}$$

图4-9　标量、向量、矩阵、张量之间的关系

图4-9中所表示的层级关系解读如下：

- 标量只是某个具体的数字，它属于0阶阵列。

- 向量由多个标量组成，它属于1阶阵列。
- 矩阵由多个向量组成，它属于2阶阵列（行和列）。
- 张量由多个矩阵组成，它属于多阶阵列。

（2）多维数组的创建与转换

在NumPy库中利用多维数组可以非常方便地做各种科学运算。除了从列表转化成数组，还可以使用NumPy库中的empty()、full()、ones()或zeros()函数创建空数组、任意实数数组、全1或全0的多维数组。具体代码如下：

```
import numpy as np
np_array = np.zeros(3)                #生成一个含有3个0.0的1维数组
print(np_array)                       #输出：[0. 0. 0.]
np_array = np.ones((2, 1), dtype=np.int32)
                                      #生成一个含有2行1列的全1矩阵
print(np_array)                       #输出：[[1] [1]]
np_array = np.full((2, 1), 7)         #生成一个含有2行1列的全7矩阵
print(np_array)                       #输出：[[7] [7]]
np_array = np.empty((2, 1))           #生成一个含有2行1列的空矩阵
```

多维数组间的转换见如下代码：

```
arr = np.array([1, 2, 3, 4, 5, 6]) #创建一个 1维数组
Matrix_arr = arr.reshape(3, 2)      #将1维数组变成3行2列的矩阵
print(Matrix_arr)                   #输出：[[1 2] [3 4] [5 6]]
Tensor_arr = Matrix_arr.reshape(3, 2, 1)
                                    #将3行2列的矩阵变成3阶张量
print(Tensor_arr)                   #输出：[[[1]  [2]]  [[3]   [4]]
                                     [[5] [6]]]
```

对于每一个数组对象，都有一个shape成员变量，该变量记录了数组的形状。例如：

```
print(Tensor_arr.shape)   #输出Tensor_arr的形状：(3, 2, 1)
```

NumPy库中的empty()、full()、ones()、zeros()函数都有一个like形式，使用like形式，可以根据其他数组的形状创建指定填充值的数组。例如：

```
np_array = np.ones((2, 1), dtype = np.int32)
                          #生成一个含有2行1列的全1矩阵
np_array2 = np.full_like(np_array, 7)
                          #生成一个与np_array形状一样，且元素为7矩阵
print(np_array2)          #输出：[[7] [7]]
```

（3）数组的形状变化

在Numpy中常使用reshape()函数来改变数组的形状，除了reshape()函数之外，还可以用flatten()函数将多维变成1维。具体代码如下：

```
a = np.array([1, 3, 5]).reshape(1, 3)
print(a.flatten())      #展平，输出：[1 3 5]
```

上述代码中的展平操作也可以使用reshape()函数来实现，具体如下：

```
print(a.reshape ([-1]))
```

reshape()函数中的-1，代表根据实际数据来自动计算维度。这种方法在多维数组的变化中十分常用。

reshape()函数的功能还有一种快捷方式，常用在增加维度场景中，代码举例如下：

```
a = np.array([1, 3, 5])
print(a.reshape([-1, 1]).shape) #为a增加一个维度，输出形状：(3, 1)
print(a[:, np.newaxis].shape)   #使用快捷方式，为a增加一个维度，输出形状：
                                 (3, 1)
print(a[:, None].shape)         #使用快捷方式，为a增加一个维度，输出形状：
                                 (3, 1)
```

代码中的最后两行是使用快捷方式增加维度，None和np.newaxis在代码中的含义相同，都是代表新增的维度。

（4）使用库函数创建数组

在NumPy库中还有很多函数可以直接用来创建数组，例如arange()函数、linspace()函数、rand()、randn()或randint()函数对于每一个数组对象，都有一个shape成员变量，该变量记录了数组的形状。例如：

```
arr = np.arange(1, 3, 0.5)         #生成一个从1开始到3结束的序列，步长为0.5
print(arr)                         #输出：[1.  1.5 2.  2.5]
arr = np.linspace(1, 3, 5)         #生成一个从1开始到3结束的序列，一共5个值
print(arr)                         #输出：[1.  1.5 2.  2.5 3]
arr = np.random.rand(2)            #生成一个含有2个值的随机数
print(arr)                         #输出：[0.18387639 0.56589327]
arr = np.random.rand(1, 2)         #生成一个形状为1行2列的随机数
print(arr)                         #输出：[[0.77444717 0.22607285]]
arr = np.random.randint(1, 3, 5)   #生成一个最小值1，最大值3的数组，包含5
                                    个元素
print(arr)                         #输出：[1 1 2 2 2]
```

arange()函数中序列的开始和结尾也遵循顾头不顾尾的策略，即上面代码中arange()函数生成的序列包括起始值1，但不包括结束值3。但是linspace()函数中是要序列的头尾兼顾，即上面代码中linspace()函数生成的序列既包括起始值1，又包括结束值3。

另外random.rand()函数还可以用random.randn()函数替换成可以生成符合标准高数分布的随机数。

（5）数组的维护

创建好的数组也可以像列表一样对内部元素进行添加或删除操作，具体如下：

```
data = np.arange(3)                   #定义一个数组data的值为：[0 1 2]
data = np.append(data, 8)             #在最后位置添加8，data的值为：[0 1 2 8]
data = np.append(data,[3, 4])         #在最后位置添加[3, 4]，data的值为：[0 1
                                       2 8 3 4]
data = np.delete(data, 0)             #删除0索引对应的元素，data的值为：[1 2
                                       8 3 4]
data = np.delete(data, [1,2,3]) #删除1,2,3索引对应的元素，data的值为：
                                       [1 4]
data = np.insert(data, 0, -1)         #在0索引处插入-1，data的值为：
                                       [-1  1  4]
data = np.insert(data, 1, [-2, -3])
                                      #在1索引处插入-2和-3，data的值为：[-1
                                       -2 -3  1  4]
```

在操作多维数组时，还可以向append()、delete()、insert()这类函数传入axis参数，axis参数代表轴的意思，用于指定某个维度的方向。示例代码如下：

```
data = np.arange(1, 7).reshape((3, 2))
                      #定义一个3行2列的数组
data1 = np.append(data, [[-1, -2]], axis=0)
                      #沿着第0维度（行方向）追加元素
data2 = np.append(data, [[10], [20], [30]], axis=1)
                      #沿着第1维度（列方向）追加元素
print(data1)          #查看data1的值，输出：[[ 1  2] [ 3  4] [ 5  6] [-1
                       -2]]
print(data2)          #查看data1的值，输出：[[ 1  2 10] [ 3  4 20] [ 5  6
                       30]]
print(np.delete(data2, [0, 2], axis=1))
                      #删除第1列和第3列，输出：[[2] [4] [6]]
```

(6)数组的组合与拆分

数组对象也支持组合与拆分操作。

① 数组的组合。有3种方法可以实现数组的组合，具体如下:

```
a = np.arange(1,13).reshape((3,4))          #定义一个3行4列的数组
b = np.arange(1,9).reshape((2,4))           #定义一个2行4列的数组
c = np.arange(1,7).reshape((3,2))           #定义一个3行2列的数组
# 第一种写法
x = np.vstack((a, b))                       #沿着垂直方向组合
y = np.hstack((a, c))                       #沿着水平方向组合
# 第二种写法
print(np.r_[a, b])                          #沿着垂直方向组合
print(np.c_[a, c])                          #沿着水平方向组合
# 第三种写法
print(np.concatenate([a, b], axis=0))       #沿着垂直方向组合
print(np.concatenate([a, c], axis=1))       #沿着水平方向组合
```

上面代码分别用两种方式实现了两个数组沿着垂直、水平方向的组合过程。如图4-10所示。

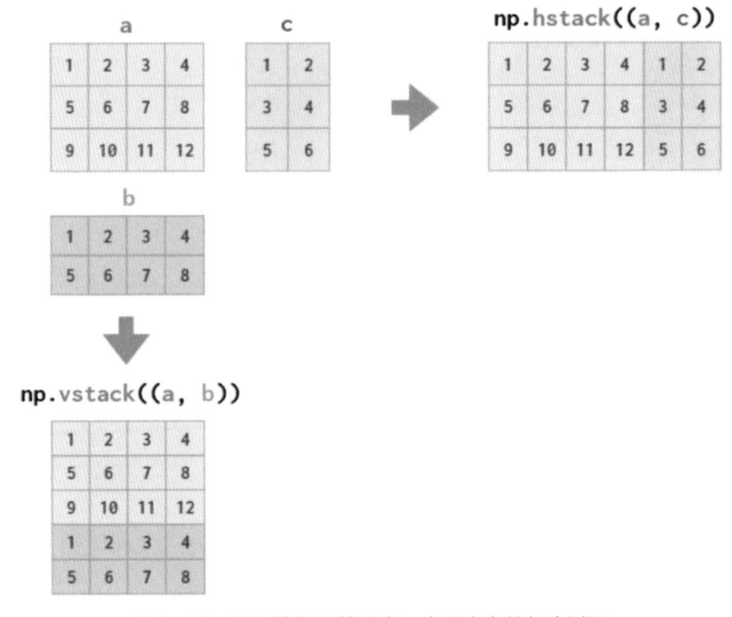

图4-10 两个数组沿着垂直、水平方向的组合过程

如果将组合数组中沿着垂直、水平的方向当作直角坐标系中的y轴和x轴，则在NumPy库中还有一个沿着z轴的方向可以进行数组组合的函数——dstack()函数，该函数与vstack()函数、hstack()函数用法一样，但必须作用在3阶的张量数组上。

② 数组的拆分。拆分数组相当于组合数组的逆过程，可以使用函数hsplit ()和vsplit()来实现。接上面代码，具体如下：

```
np.vsplit(x,[3])                #沿着垂直方向拆分
np.hsplit(y,[4])                #沿着水平方向拆分
```

以上代码分别实现了对2维矩阵在垂直、水平方向上的拆分，如果要在z轴方向进行拆分，可以使用dsplit ()函数。其执行过程如图4-11所示。

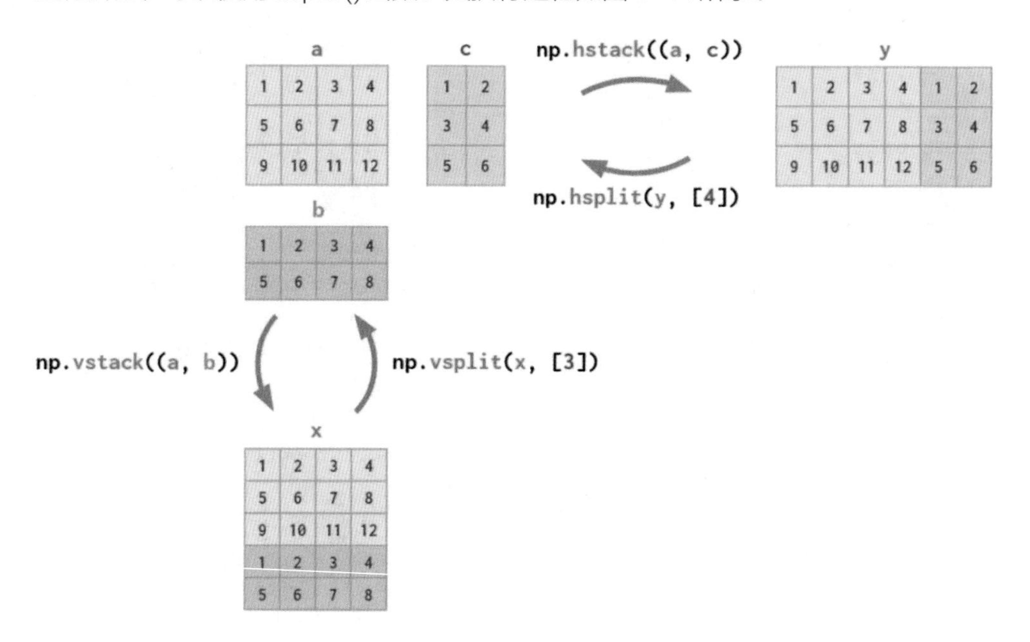

图4-11　将数组沿着垂直、水平方向的拆分过程

另外，还可以使用array_split()函数对数组对象进行拆分，具体代码如下：

```
a = np.arange(7)
print(np.array_split(a, 3))     #拆分，输出：[array([0, 1, 2]),
                                  array([3, 4]), array([5, 6])]
```

③ 数组的组合中的问题。当需要将一维数组和矩阵组合到一起时，只有垂直方向可以实现：水平方向会出现维度不匹配的错误。代码如下：

```
a = np.arange(1,13).reshape((3,4)) #定义一个3行4列的数组
b = np.arange(1,5)                 #定义一个数组[1, 2, 3, 4]
c = np.array([1,3,5])              #定义一个数组[1, 3, 5]
```

```
print(np.vstack((a, b)))              #沿着垂直方向合并
print(np.hstack((a, c)))              #沿着水平方向合并,系统报错
#ValueError: all the input arrays must have same number of
dimensions, but the array at index 0 has 2 dimension(s) and the
array at index 1 has 1 dimension(s)
```

原因是：一维数组会被视为行向量，而不是列向量。针对这个问题，解决方法要么是将其转换为行向量，要么是使用能自动完成这一操作的 column_stack() 函数，具体代码如下：

```
print(np.hstack((a, c[:,np.newaxis])))   #沿着水平方向合并
print(np.column_stack((a, c)))
```

代码中的组合过程如图4-12所示。

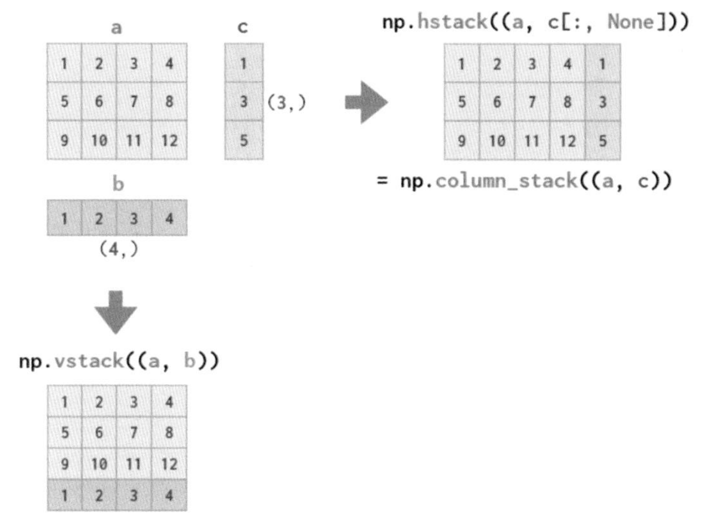

图4-12 一维数组和矩阵的组合过程

(7)数组的复制

NumPy库中有两种复制数组的方法，具体做法如下：

```
a = np.arange(1, 5).reshape((2, 2)) #定义一个2行2列的数组
np.tile(a, (2, 3))                  #将a作为一个整体，复制2行3列
b = a.repeat(3, axis=1)             #沿着列的方向，每列复制2次
b.repeat(2, axis=0)                 #沿着行的方向，每行复制1次
```

代码中的执行过程如图4-13所示。

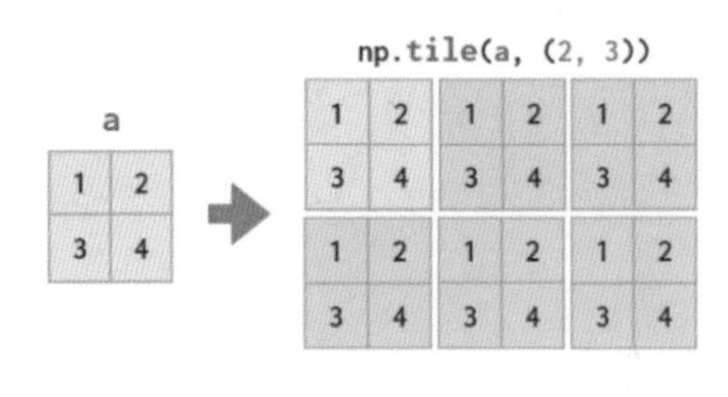

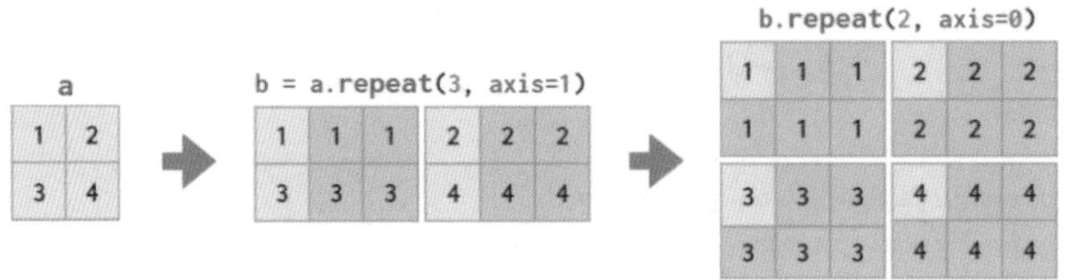

图4-13　复制数组的执行过程

(8)多维数组中的轴

NumPy库中大部分的数学运算函数都有一个axis参数，这个参数代表多维数组的轴。参数axis的默认值为0，表示沿着第0维进行计算。当然也可以通过手动指定的方式，令函数按照指定的维度进行计算。具体代码如下:

```
data = np.arange(1, 7).reshape((3, 2)) #定义一个3行2列的数组
print(data)                            #查看数组内容，输出：[[1  2]  [3
                                        4]  [5  6]]
print(np.max(data, axis=0))            #对0维方向求最大值，输出：[5  6]
print(np.max(data, axis=1))            #对1维方向求最大值，输出：[2  4  6]
```

上面代码的计算过程如图4-14所示。

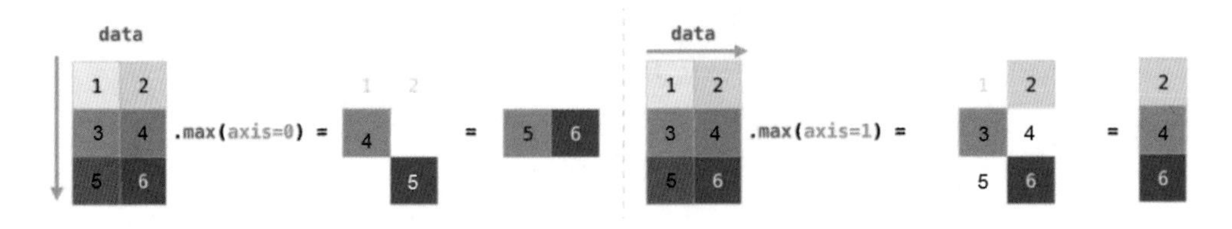

图4-14　max()函数的计算过程

(9)多数组的切片功能

对多维数组进行切片时，不同维度之间的切片用逗号分隔，具体如下:

```
arr = np.arange(6).reshape(1, 2, 3) #定义为一个多维张量
```

```
print(arr)                              #输出：[[[0 1 2] [3 4 5]]]
print(arr[:, -1, :2])                   #对每个维度单独切片，输出：[[3 4]]
```

在多维切片时，有时仅需要对数组中某几个维度进行切片，其他保持不变，则可以使用“…”符号来代替其他维度。具体如下：

```
print(arr [:, :, 1]) #只对最后一个维度切片，输出：[[1 4]]
print(arr [..., 1])  #使用"…"符号，自动获取其他维度，输出：[[1 4]]
```

在多维切片时，除了可以使用[: : -1]的方式实现逆序之外，还可以使用np.flip()函数实现逆序。具体如下：

```
a = np.array([1, 3, 5])
print(np.flip(a))       #逆序，输出：[[5 3 1]]
print(a[::-1])          #逆序，输出：[[5 3 1]]
```

（10）多数组的滑动窗口取值

使用滑动窗口取值是数据分析中常见的场景，例如，在股票预测系统中实现回测功能时，按照一定交易天数进行滑动取值。在NumPy库的1.20版本之后，可以使用滑动窗口的方式对数组取值。具体代码如下：

```
from numpy.lib.stride_tricks import sliding_window_view
a = np.arange(6)
print(sliding_window_view(a,4)) #窗口为4进行滑动取值，输出：[[0 1 2 3]
                                  [1 2 3 4] [2 3 4 5]]
```

函数sliding_window_view()中也支持axis参数。利用axis参数可以指定沿着某个轴的方向上进行滑动窗口取值。

（11）转置与变形

处理矩阵时的一个常见需求是旋转矩阵。当需要对两个矩阵执行点乘运算并对齐它们共享的维度时，通常需要进行转置。NumPy 数组有一个方便的方法 T来求得矩阵转置，代码如下：

```
data = np.array([[6, 4, 24], [1, -9, 8]])
                        #定义一个矩阵
print(data)             #输出：[[ 6  4 24] [ 1 -9  8]]
print(data.T)           #将矩阵转置，输出：[[ 6  1] [ 4 -9] [24  8]]
```

数组对象的T方法，内部的实现过程如图4-15所示。

$$\begin{bmatrix} 6 & 4 & 24 \\ 1 & -9 & 8 \end{bmatrix}^{\mathrm{T}} = \begin{bmatrix} 6 & 1 \\ 4 & -9 \\ 24 & 8 \end{bmatrix}$$

图4-15　转置矩阵

如图4-15所示，等式左边的矩阵假设为$\boldsymbol{A}$，则等式右边的转置矩阵可以记作$\boldsymbol{A}^{\mathrm{T}}$。使用函数transpose()也可以实现矩阵的转置，具体代码如下：

```
dataT = np.transpose(data, (1, 0))
                                        #使用transpose ()函数实现矩阵转置
print(data.shape)                       #查看data的形状，输出：(2, 3)
print(dataT)                            #输出：[[ 6  1] [ 4 -9] [24  8]]
print(dataT.shape)                      #查看dataT的形状，输出：(3, 2)
```

在代码中，函数transpose ()的第一个参数是待处理的数组；第二个参数是需要调整的维度顺序，这个顺序要根据待处理数组data的形状来进行设定。在调用函数transpose()时，向其第二个参数传入了(1, 0)，其中，第一个维度1是指data形状中索引为1的值3，第二个维度0表示data形状中索引为0的值2，于是得到的新数组dataT形状为（3，2）。

4.4.2　跟我学：用GPU优化NumPy模块的运算速度

在数据处理中，NumPy模块以它独特的魅力：底层、灵活、调试方便、API稳定且为大家所熟悉，从而深受开发者的喜爱。然而，NumPy模块并不支持GPU或者其他硬件加速器，这使得在处理海量数据时，无法得到更优的性能。为了弥补这一缺陷，在GPU环境下，可以使用CuPy模块或JAX模块来代替NumPy模块，进一步提升运算速度。

（1）CuPy模块的介绍和使用

CuPy是一个借助CUDA GPU库在英伟达GPU上实现NumPy数组的模块。它提供了与NumPy类似的数组操作接口，但是在背后，它使用GPU的并行处理能力来加速计算。由于GPU拥有众多的CUDA核心，它们能够并行执行大量的计算任务，从而实现比CPU更高效的数值计算性能。CuPy接口是NumPy的一个镜像，并且在大多数情况下，它可以直接替换Numpy使用。只要用兼容的CuPy代码替换Numpy代码，用户就可以实现GPU加速。

① CuPy模块的安装。如果本地机器安装有英伟达 GPU 显卡，则可以使用CuPy模块。在使用之前需要通过如下命令进行安装：

```
pip install cupy
```

该命令执行后，系统会自动下载CuPy模块的源码，并根据本地配置进行编译安装。

② CuPy模块的使用。使用CuPy模块替换NumPy模块非常简单，在代码中直接将np换作cp即可。具体如下：

```
import numpy as np
import cupy as cp
import time
def runtime(codestr): #定义函数，用于测试运行时间
    s = time.time()
    val = eval(codestr )
    print(time.time() - s)
    return val
valcpu = runtime("np.ones((1000,1000,100))")
                        #CPU生成数组用时：0.34906578063964844
valgpu = runtime("cp.ones((1000,1000,100))")
                        #GPU生成数组用时：1.259279489517212
valcpu = runtime("valcpu*5")
                        #CPU数组与常数相乘用时：0.3400840759277344
valgpu = runtime("valgpu*5")
                        #GPU数组与常数相乘用时：0.036900997161865234
valcpu = runtime("valcpu*valcpu")
                        #CPU数组与数组相乘用时：0.35205888748168945
valgpu = runtime("valgpu*valgpu")
                        #GPU数组与数组相乘用时：0.011993885040283203
valcpu = runtime("valcpu+valcpu")
                        #CPU数组与数组相加用时：0.34903979301452637
valgpu = runtime("valgpu+valgpu")
                        #GPU数组与数组相加用时：0.011968135833740234
```

可以看到，CuPy模块只有在生成数组时速度慢于NumPy模块，在其他计算条件下速度均优于NumPy模块。另外，在处理的数据量足够大时，CuPy库的优势还会更加明显。

（2）JAX模块的介绍和使用

JAX是谷歌开源的一种可在CPU、GPU和TPU上运行的“NumPy”模块，专门针对机器学习研究，并提供高性能自微分计算能力。

① JAX模块的安装。JAX模块的安装方式与CuPy模块类似，直接使用pip命

令即可。例如：

```
pip install jax
```

不过当前的安装版本只支持Linux和Mac系统，如果在Windows下使用需要从源码手动编译。

② JAX模块的使用。使用JAX模块替换NumPy模块非常简单，在代码中直接将np换作jnp即可。具体如下：

```
import jax.numpy as jnp
import numpy as np
np.ones((1000,1000,100))          #生成数组
jnp.ones((1000,1000,100))         #生成数组
```

JAX模块与CuPy模块相比支持更多的加速硬件。同时它还具有自微分计算能力，对机器学习领域的开发支持更加友好。

4.4.3　跟我做：9行代码实现美颜功能

Python不仅可以帮我们生成证件照，还可以帮我们生成颜值较高的形象照。具体做法如下：

（1）安装模块

本例使用了OpenCV库所封装的算法来完成美颜功能，OpenCV是一个跨平台的计算机视觉库，包含了多种图像处理和计算机视觉算法，可以用来实现图像处理、计算机视觉应用开发等功能。

OpenCV库支持Python版本的模块叫作opencv-python，可直接使用如下命令进行安装：

```
pip install opencv-python
```

（2）编写代码

本例使用OpenCV中集成的双边滤波算法［cv2.bilateralFilter()函数］来实现美颜，该算法中有个value值表示在过滤的过程中，图像中的每个像素领域的直径范围，这个值越大，图片中的噪声滤除得越好，但是图片看上去也会越像是被处理过的，而这个值越小，则图片美颜的效果会越差。具体代码如下：

在代码中加载了4.4节所生成的蓝底1寸照［图4-16（a）］，并指定双边滤波算法的value值为8，程序运行后，系统会在本地目录下生成一个名为“me_Crop.png_no_bg_Certificate_beauty.png”的图片文件［图4-16（b）］。

```
1  import cv2,os
2  def Beauty(imgfile,value= 28):
3      img= cv2.imread(imgfile)
4      img_res = cv2.bilateralFilter(img, value,value *2,value /2)
5      beauty_name = os.path.splitext(imgfile)[0] + '_beauty.png'
6      cv2.imwrite(beauty_name, img_res)
7  if __name__ == "__main__":
8      outname = Beauty("me_Crop.png_no_bg_Certificate.png",8)
```

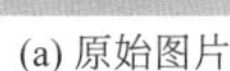
(a) 原始图片

(b) 美颜后图片

图4-16 美颜图片

4.4.4 跟我做：10行代码实现基于web的微调美颜功能

在4.4.3小节的美颜功能中，我们知道，美颜效果取决于value的值。为了微调出更合适的value值，有必要将其封装成一个web页面，方便多次调试。

（1）安装模块

本例将使用一个比Streamlit开发起来更为简单的模块Gradio。该模块是在fastapi基础上实现的，在安装的同时也会同时装上fastapi模块。具体安装命令如下：

```
pip install gradio
```

（2）编写代码

Gradio模块比Streamlit模块集成度更高，开发起来也更为方便，核心代码只有两行：

① 调用gr.Interface()接口，为web网页设置输入和输出；

② 调用iface.launch()接口，启动web服务器。

具体代码如下：

```
1  import gradio as gr
2  import cv2
3  def Beauty(img,value= 28):                      # 美颜处理函数
4      img_res = cv2.bilateralFilter(img, value,value *2,value /2)
5      return img_res
6  iface = gr.Interface(fn=Beauty,                 # 定义web接口
7      inputs=["image", gr.Slider(0, 100)],        # 指定输入参数
8      outputs="image"                             # 指定输出参数
9  )
10 iface.launch(share=True)                        # 启动web程序
```

代码第7行使用了gr.Slider()，组件为页面添加一个可以调节数字的滑块。由于函数Beauty()的输入有两个参数，所以inputs参数所传入的值是一个列表类型。当输入或输出只有一个参数时，可以直接写具体类型即可，无须再用列表封装，例如代码第8行。

将代码保存为文件“4-4web美颜.py”后，按照如下命令在命令行里启动：

```
(py311) D:\project\python book>python 4-4web美颜.py
Running on local URL:  http://127.0.0.1:7860
```

代码运行后，可以看到命令行里输出了访问该网页的链接。打开浏览器即可进行访问（图4-17）。

在该网页上，输入图片，调整value值，点击“Submit”按钮，便可以实时查看美颜效果了，见图4-18。

Gradio是一个方便快捷的工具，可用于构建交互式界面，常用于机器学习模型的展示和共享。通过Gradio，开发人员可以快速将模型部署并与用户进行交互，无须编写大量的代码或处理复杂的前端开发。然而，对于复杂的界面需求或高级定制选项，还需要考虑其他工具或框架。

图4-17　Gradio界面

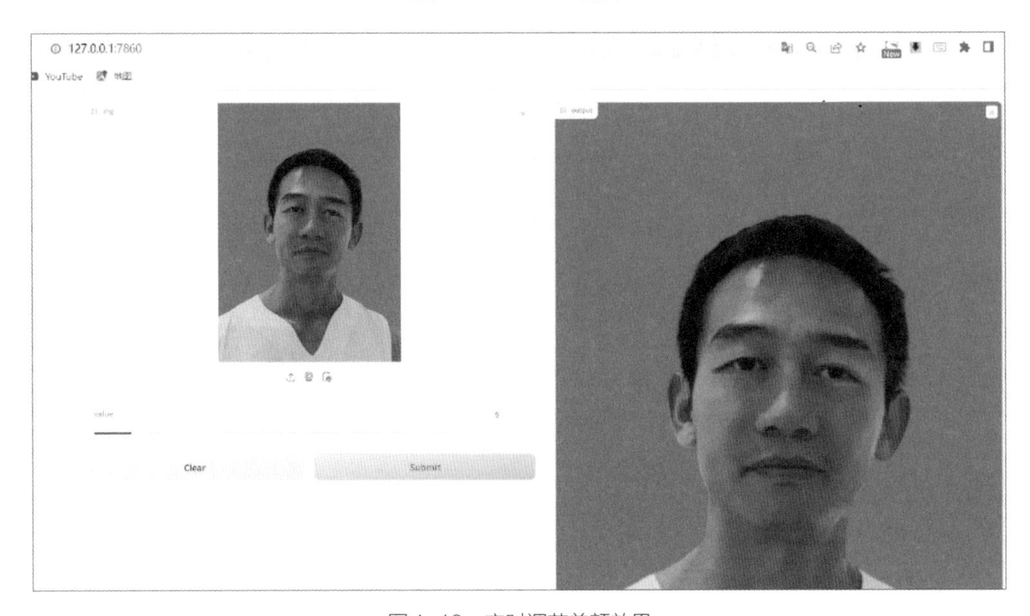

图4-18　实时调节美颜效果

4.5　总结

通过本章的学习，我们掌握了Python中函数的使用和模块的导入等重要概念。我们还学习了如何使用NumPy和Pillow等数据处理和图像处理模块来实现人脸检测、证件照尺寸裁剪和换底色等操作。请尝试完成下面具体的任务，来检验自己的学习成果吧。

4.5.1　练一练：实现一个端到端的证件照制作web程序

将前面所学的内容串起来，实现一个端到端的证件照制作web程序。具体步骤如下：

① 使用Streamlit搭建一个web交互页面，供用户上传照片，并选择证件照尺寸、背景颜色、美颜级别；

② 使用图片裁剪功能，以人脸为中心，对照片进行裁剪；

③ 使用抠图功能去掉裁剪后的图片的背景；

④ 使用照片换底色功能为去背景后的照片加底色；

⑤ 根据美颜级别对照片进行优化；

⑥ 将处理好的图片显示出来。

根据以上几个步骤就可以实现一个全功能的证件照制作网站。赶快动手试试吧。

第5章

用Python程序实现人机交互

人机交互技术以其智能化、个性化的优势，正在深刻影响我们的生活各个方面。作为一门功能强大且使用广泛的编程语言，Python在人机交互领域也有着广阔的应用前景。

本章将探讨使用Python开发不同类型人机交互系统的方法和技巧。首先，我们将学习通过基础知识开发个性化的前端交互界面；然后介绍使用Flask框架用大屏展示数据；其次介绍几种在桌面和移动端运行Python代码的方式；此外，我们还将了解利用语义向量数据库进行内容检索。通过实践不同项目，读者能够全面掌握Python在这一领域中的设计思想和技术手段。

本章内容旨在帮助读者了解Python作为一门交互开发语言的强大功能，以及它在人机交互各个应用区域的典型开发模式。掌握本章内容后，读者将具备利用Python开发自定义交互系统的能力，为实现更高层次的人机交互服务提供技术支持。

5.1 跟我做：用Python实现交互式前端，管理自己的运动计划

在当今的Web开发世界中，交互式前端程序已经成了一种标准。这些程序提供了用户与网页进行交互的能力，从而使用户能够以更加个性化的方式体验网页内容。有很多Python模块可以帮助我们实现这样的交互式前端程序，其中之一就是Solara。Solara能够与JavaScript进行无缝集成，因此可以方便用户利用Python和JavaScript的优点来构建出最优秀的Web应用程序。Solara 使用 React 的纯 Python 实现（Reacton），创建基于 ipywidget 的应用程序。这些应用程序既可以在 Jupyter Notebook 中运行，也可以通过 FastAPI 等框架作为独立的网络应用程序运行。这种范式实现了基于组件的代码和极其简单的状态管理。通过在 ipywidgets 基础上进行构建，我们可以自动利用现有的 widgets 生态系统，并在许多平台上运行，包括 JupyterLab、Jupyter Notebook、Voilà、Google Colab、DataBricks、JetBrains Datalore 等。

（1）安装模块

Solara模块的安装方式非常简单，只需要一行命令：

```
pip install solara
```

（2）编写代码

在使用Solara模块之前，需要了解两个概念：

- 响应式变量：用于完成页面控件与内部数据间的交互，通过solara.reactive()函数进行创建；
- 组件：用于显示页面上的控件以及响应式变量，使用 @solara.component 装饰器进行定义。

按如下5步编写代码，便可以实现管理运动计划的功能：

① 定义响应式变量，用于存储用户输入数据和管理全部的运动计划数据。见代码第3 ~ 8行；

② 定义页面组件，显示运动计划数据的全局列表以及页面的功能按钮。见代码第10 ~ 27行；

③ 定义页面上的按钮响应函数，实现每个按钮的具体功能。见代码第29 ~ 37行；

④ 定义列表条目组件，显示单条运动计划数据，供页面组件调用。见代码第39 ~ 58行；

⑤ 运行页面组件。见代码第59行。

具体代码如下：

```
1  import solara
2
3  text_input = solara.reactive("")      # 创建响应式变量，存放输入框内的数据
4  sports = solara.reactive([            # 创建响应式变量，存放全部的运动项目
5      {"text": solara.reactive("跑步10分钟"),              # 运动项目的名称
6       "done": solara.reactive(False)},                    # 该项目是否完成
7      {"text": solara.reactive("深蹲20个"), "done": solara.reactive(False)}
8  ])
9
10 @solara.component
11 def Page():                                              # 定义页面
12     solara.Style("""
13         .add-button {
14             margin-right: 10px;
15         } """)                                           # 添加样式css
16     with solara.Column(align="center"):                  # 设置布局：居中
17         with solara.Card(title="运动计划管理表"):          # 设置标题
18             for one in sports.value:                     # 显示每一项运动
19                 Show(one)
20             if len(sports.value) == 0:
21                 solara.Text("今天还没有运动计划.")
22             # 将输入框控件与响应式变量绑定
23             solara.InputText(label="添加一项运动", value=text_input)
24             solara.Button("添加运动", on_click=on_add_sport, # 添加按钮
25                           classes=["primary", "add-button"])
26             solara.Button("删除已完成运动", classes=[
27                           "secondary"], on_click=clear_finished_sports)
28
29 def on_add_sport():                     # 定义"添加运动"按钮的响应函数
30     sports.set(sports.value + [{        # 将响应式变量中的内容添加到sports变量里
31         "text": solara.Reactive(text_input.value),
32         "done": solara.Reactive(False)}]
33     )
34     text_input.set("")                  # 清空输入框
35
36 def clear_finished_sports():            # 定义"删除完成的运动"按钮的响应函数
37     sports.set([one for one in sports.value if not one["done"].value])
38
39 @solara.component
40 def Show(sport):
41     editing, set_editing = solara.use_state(False)  # 定义状态变量
42     with solara.Columns([1, 0]):  # 定义列表，第1列占100%宽度，第2列占最小宽度
43         color = "#d6ffd6" if sport["done"].value else "initial"  # 设置背景色
44         # 定义含有指定css样式的列
45         with solara.Column(
46             style=f"padding: 1em; width: 400px; background-color: {color};"):
47             if editing:                 # 如果是正在编辑的状态，则显示输入框
48                 solara.InputText(label="编辑", value=sport["text"])
49             else:                       # 如果不是正在编辑的状态，则显示该运动项目
50                 solara.Checkbox(label=sport["text"].value, value=sport["done"])
51         solara.Column(children=[        # 根据状态显示编辑/保存、删除按钮
52             (solara.IconButton(         # 当editing为True时，显示save按钮
53                 icon_name="save", on_click=lambda: set_editing(False))
54                 if editing else
55              solara.IconButton(         # 当editing为False时，显示edit按钮
56                 icon_name="edit", on_click=lambda: set_editing(True))  ),
57             solara.IconButton(icon_name="delete", on_click=lambda: sports.set(
58                 [t for t in sports.value if t != sport]))     ] )
59 Page() #运行页面
```

将上面代码保存到代码文件“5-1solara.py”中，打开系统的命令行窗口，来到该文件所在的路径下，运行如下命令：

```
solara run 5-1solara.py
```

该命令执行后，系统将会启动一个端口为8765的web服务，如图5-1所示。

```
D:\>cd project

D:\project>cd "python book"

D:\project\python book>conda activate py311

(py311) D:\project\python book>solara run 5-1solara.py
New version of Solara available: 1.23.0. You have 1.21.0. Please upgrade using:
        $ pip install "solara==1.23.0"
Solara server is starting at http://localhost:8765
```

图5-1　启动Solara服务

打开浏览器，并访问http://localhost:8765，会看到如图5-2所示的界面。

图5-2　Solara前端页面

在图5-2中可以看到，一共显示了两行数据，该部分内容对应于代码第4 ~ 8行所定义的变量sports。通过对页面上的按钮操作，可以改变sports中的数据内容，进而实现对运动计划的管理。

5.1.1　跟我学：了解条件判断语句（if、else）的妙用

Python语言中的条件判断语句（if、else）非常灵活。它除了可以与“:”符号配合，用多行代码进行表达之外，还可以当作一条语句，用单行进行表达。5.1节代

码第54行就是一个将条件判断语句（if、else）放在单行表达的例子，该语句的意思是当editing为True时，系统将显示“save”按钮，否则将显示“edit”按钮。

在赋值过程中，还可以用if语句实现按照具体条件赋值。例如：

```
a = 1
b = a if a > 2 else -1      #b的值为-1
```

该语句的含义是：如果a的值大于2，则b等于a，如果a的值不大于2，则b等于-1。

如果a或b中某个值为None，则还可以使用操作符or进行选择。例如：

```
a = None                    #a的值为None
c = a or 5                  #为c赋值
print(c)                    #输出c的结果：5
```

另外：if与else部分还有一个简化的写法，即：

```
ch = '我'                   #定义一个中文字符
print(  ["不是中文","是中文"]['\u4e00' <= ch <= '\u9fff']  )
                            #输出："是中文"
```

这个小技巧，可以使代码更为简洁。这种由两个中括号组成的语法，完整的意思是：

① 如果第二个中括号里的条件值为假，则返回第一个中括号中的第一个元素；

② 如果第二个中括号里的条件值为真，则返回第一个中括号中的第二个元素。

5.1.2 跟我学：认识Python中的匿名函数——lambda

5.1节代码第53、57行使用了匿名函数lambda。 匿名函数一般适用于单行代码函数，它的作用是，把某一简单功能的代码封装起来，让整体代码更规整一些。

匿名函数一般只调用一次就不再需要，所以名字就省略了，这也是匿名函数的由来。匿名函数是以关键字lambda开始的，它的写法如下：

```
lambda 参数1，参数2……:表达式
```

上面的写法中，表达式的内容只能是一句话的函数，而且不能存在return关键字。例如：

```
a = 1
r = lambda x,y:x*y          #定义一个匿名函数实现x与y相乘
print( r(2,3))              #传入2和3，并把它们打印出来。输出：6
```

lambda表达式可以在任何地方使用，它相当于一个可以传入参数的单一表达式。例如，在一般函数里这样使用：

```
def sum_fun(n):                #定义一个函数
    return lambda x: x+n       #返回一个匿名函数

f = sum_fun(15)                #得到一个匿名函数，函数体为x+15
print(f(5))                    #向匿名函数里传入5。输出：20
```

在上面的例子中，在函数sum_fun里返回了匿名函数，并为其指定了一个被加数。在调用过程中，只需要放入另一个加数，便实现了两个数相加。

5.1.3 跟我学：了解匿名函数与可迭代函数

匿名函数本质与函数是没什么两样的。在实际应用中，匿名函数常会与可迭代函数配合使用。可迭代函数就是一种有循环迭代功能的内置函数，包括reduce()、map()和filter()等。在每个可迭代函数中都需要指定一个处理函数，习惯上使用匿名函数作为处理函数，当然使用普通函数也是有效的。下面就来一一介绍。

（1）匿名函数与reduce()函数的组合应用

reduce()函数的功能是按照参数sequence中的元素顺序，来依次调用函数function()，并且每次调用都会向其传入两个参数：一个是sequence序列中的当前元素；另一个是sequence序列中上一个元素在函数function()中的返回值。其定义如下：

```
reduce(function, sequence, [initial])
```

- function：要回调的函数；
- sequence：一个“序列”类型的数据；
- 第三个参数可选，是一个初始值。

reduce()函数本质上也可以算作一个内嵌循环的函数。

reduce()函数与匿名函数的结合使用，能够以更为简洁的代码实现较复杂的循环计算功能。例如，下面使用reduce()函数与匿名函数的结合写法，来实现求1 ~ 100的和：

```
from functools import reduce     #导入reduce()函数
print(reduce (lambda x,y:x + y,range(1,101) ) )
                                 #第一个参数是个匿名函数，实现两个数相加，
                                  输出：5050
```

函数里，通过匿名函数实现了两个数的求和，然后使用range()函数得到一个1～100的列表。依次取出列表里的值，将它们加在一起。

reduce()函数一般用于归并性任务。

（2）匿名函数与map()函数的组合应用

类似reduce()函数，匿名函数还可以与map()函数组合。map()函数一般用于映射性任务。

map()函数的功能是：将参数sequence内部的元素作为参数，并按照sequence序列的顺序，依次调用回调函数function。具体定义如下：

```
map(function, sequence[, sequence, ……])
```

- function：要回调的函数；
- sequence：一个或多个“序列”类型的数据。

该函数返回值为一个map对象。在使用时，得用list()或tuple()等函数进行转化。

① 使用map()函数处理一个序列数据。当map()后面直接跟一个序列数据时，直接将该序列数据中的元素作为参数，依次传入前面的函数。例如：

```
t = map(lambda x: x ** 2,[1, 2, 3, 4, 5] )
                    #使用map()函数，对列表[1,2,3,4,5]的元素求平方值。返回值赋
                    给t
print(list(t)) #将t转成列表类型，并打印。输出：[1, 4, 9, 16, 25]
```

例子中，map()函数会将传入的列表[1, 2, 3, 4, 5]中的每个元素传入匿名函数里，进行平方运算，得出的值会放入新的map()对象中，最后将整个map()对象赋给变量t。通过list()函数对t进行类型转换，生成新的列表。在新的列表里，每个元素都是原来列表元素平方后的结果。

② 使用map()函数处理多个序列数据。当map()后面直接跟多个序列数据时，处理函数的参数个数要与序列数据的个数相同。

运行时，map()内部依次提取每个序列数据中的元素，一起放到所提供的处理函数中，直到循环遍历完最短的那个序列。例如：

```
t = map(lambda x,y: x+y,[1, 2, 3, 4, 5],[1, 2, 4, 5] )
                    #遍历最短的列表[1,2,4,5]，实现两个列表的元素相加
print(list(t)) #将t转成列表类型，并打印。输出：[2, 4, 7, 9]
```

该例子是对两个序列中的元素依次求和。新生成的列表中的元素分别是两个原序列中对应位置的元素相加。

第一个序列长度是5，第二个序列长度是4。两个序列长度不相等，循环会以最小长度对所有序列进行提取。于是，新生成的列表中也只有4个元素。

③ 利用map()函数统计字符串中数字的个数。利用map()函数对字符串中的每个字符进行判断，并将判断后的布尔值转换成整型，然后求和，即可实现对字符串中数字个数的统计。具体代码如下：

```
sum( map(lambda x:int( x.isdigit()),'代码医生工作室成立6周年') )
                    #输出结果：1
```

（3）匿名函数与filter()函数的组合应用

filter()函数的功能是对指定序列进行过滤。filter()函数有两个输入参数：一个是filter()的处理函数；另一个是待处理的序列对象。在运行时，filter()函数会把序列对象中的元素依次放到filter()的处理函数中。如果返回True，就留下，反之就舍去。其定义如下：

```
filter(function or None, sequence)
```

- function：为filter()的处理函数，在filter()的内部以回调的方式被调用，返回布尔型，意味着某元素是否要留下；
- sequence：是一个或多个“序列”类型的数据。

filter()函数的返回值是一个filter类型，需要将其转成列表或元组等序列才可以使用。例如：

```
t=filter(lambda x:x%2==0, [1, 2, 3, 4, 5, 6, 7, 8, 9, 10])
                    #筛选出一个列表中为偶数的元素
print(list(t)) #转成列表，并打印。输出[2, 4, 6, 8, 10]
```

例子中，通过fliter()来过滤数组中偶数的元素。

如果fliter()的处理函数为None，则返回结果和sequence参数相同。例如：

```
t=filter(None, [1, 2, 3, 4, 5, 6, 7, 8, 9, 10])
                    #对列表不做任何处理
print(list(t)) #转成列表，并打印。输出[1, 2, 3, 4, 5, 6, 7, 8, 9, 10]
```

当fliter()的处理函数为None时，返回的元素与原序列一样。从功能上来说，没有什么意义；从代码框架的角度来说，会更有扩展性。当处理函数的输入是变量时，则可以把filter()函数的调用部分代码固定下来。为处理函数变量赋值不同的过滤函数，以实现不同的处理功能。

在实际开发过程中，调用fliter()函数时常会需要获得过滤结果的索引信息，即，想要知道过滤结果中，被保留元素在源列表中的索引值是多少。这时可以使用如下代码进行实现：

```
result =[1, 2, 3, 4, 5, 6, 7, 8, 9, 10]
resultsz = filter(lambda x:x%2==0,,zip(result,list( range
(len(result)) )))
```

该代码先利用了range()函数为待处理列表result中的每个元素生成一个索引值，再使用zip函数将过滤结果和结果所对应的索引一起打包返回。

5.1.4 跟我学：了解Python中的偏函数、工厂函数、闭合函数以及装饰器语法

5.1节代码第10、39行使用了Python中的函数装饰器语法。装饰器是Python语言中专门为软件工程服务的编程方法。在软件工程中，一个项目的多个版本间迭代要尽量遵循“开发封闭”的原则。即，对于已经实现的功能代码不允许被修改，但可以被扩展。

装饰器的主要作用就是在扩展原有功能基础上，最大化地使用已有代码。也可以理解成：在不改变原有代码实现的基础上，添加新的实现功能。要了解装饰器语法首先要从偏函数、工厂函数、闭合函数说起。

（1）偏函数

偏函数是对原始函数的二次封装，它是属于寄生在原始函数上的函数。偏函数可以理解为重新定义一个函数，向原始函数添加默认参数。有点像面向对象中的父类与子类的关系。偏函数的关键字是partial，其定义如下：

```
partial(func, *args, **keywords)
```

- func：要封装的原函数；
- 第二个参数为一个元组或列表的解包参数：代表传入原函数的默认值（可以不指定参数名）；
- 第三个参数为一个字典的解包参数：代表传入原函数的默认值（指定参数名）。

其中，第二个参数与第三个参数的作用是一样的，都是代表传入原函数的参数。偏函数的作用是，为其原函数指定一些默认的参数。调用该偏函数，就相当于调用了原函数，同时将默认的参数传入。在使用partial前，必须引入functools模块。下面通过例子说明：

```
from functools import partial
def recoder(strname,age):  #定义一个函数recoder()
      print ('姓名:',strname,'年纪:',age)
                           #函数的内容为一句代码，实现将指定内容输出
Garyfun = partial(recoder, strname="Gary")
                           #定义一个偏函数
Garyfun(age = 32)          #调用偏函数，传入age = 32。输出"姓名: Gary 年
                            纪: 32"
```

偏函数的本质是，将函数式编程、默认参数和冗余参数结合在一起。通过偏函数传入的参数调用关系，与正常函数的参数调用关系是一致的。

偏函数通过将任意数量（顺序）的参数，转化为另一个带有剩余参数的函数对象，从而实现了截取函数功能（偏向）的效果。在实际应用中，可以使用一个原函数，然后将其封装多个偏函数，在调用函数时全部调用偏函数。这样的代码可读性提升了很多。

（2）工厂函数

工厂函数某种程度上实现了面向对象思想的编程方法，它可以让代码更有层次。在复杂程序架构中，利用工厂函数的思想来设计架构，会使得代码更有扩展性。例如通过偏函数就可以实现了工厂函数的功能：

```
def recoder(strname,age):  #定义一个函数recoder()
    print ('姓名:',strname,'年纪:',age)
                           #函数的内容为一句代码，实现将指定内容输出

def Garyfun(age):          #实现了偏函数的功能
    strname = 'Gary'       #定义了本地作用域下的变量
    return recoder(strname,age)
                           #直接将固定的变量strname传入
Garyfun(age = 32)          #调用生成器函数，传入age = 32。输出"姓名:
                            Gary 年纪: 32"
```

为了更深入理解，接着上面的代码再加一个函数。如下：

```
def Annafun(age):          #再定义一个工厂函数Annafun
      strname = 'Anna'     #定义了本地作用域下的变量
      return recoder(strname,age)
                           #直接将固定的变量strname传入
Annafun(age = 37)          #调用生成器函数，传入age = 37。输出"姓名:
                            Anna 年纪: 37"
```

上面两段代码中有两个工厂函数，分别对recoder()进行封装：一个是Garyfun()，放置的是默认名字Gary；另一个是Annafun()，放置的默认名字是Anna。它们有同样的属性，都可以传入年龄，并将名字和年龄一起输出。

（3）闭合函数

在工厂函数的例子中，基于这种编程思想的实现，需要编写不同的封装函数，每一个函数里都指定了一个strname变量，分别对名字Anna与Gary 实现了两个函数的封装。如果要支持的strname名字有n个，是不是需要写n个封装函数与之对应呢？这显然是不可取的方法。下面介绍一种简化的方式来解决这个问题，使用闭合函数（closure）。

闭合函数又叫闭包函数，本质上与普通工厂函数的编程思想一致，是普通工厂函数的更优形式，由自由变量与嵌套函数组成。

闭合函数实现方法是：将名字作为自由变量，将原有的recoder()函数作为嵌套函数，通过一次函数的封装即可实现前面的功能。代码如下：

```
def wrapperfun(strname):   #闭合函数，strname为自由变量
  def recoder(age):        #定义一个嵌套函数recoder()
   print ('姓名:',strname,'年纪:',age)
                           #函数的内容为一句代码，实现将指定内容输出
  return recoder           #返回recoder()函数

fun = wrapperfun ('Anna')  #自由变量设为Anna
fun(37)                    #为age赋值，输出"姓名：Anna 年纪：37"
fun2 = wrapperfun ('Gary') #自由变量设为Gary
fun2(32)                   #为age赋值，输出"姓名：Gary 年纪：32"
```

闭合函数wrapperfun()中实现了一个嵌入函数recoder()，并将嵌入函数recoder()返回。嵌入函数recoder()中调用了外部变量strname，这个strname是由warpperfun被调用时传入的参数。当warpperfun被调用后，返回自身嵌入recoder()的同时，又将自身的参数strname与内嵌recoder()绑定起来，赋值给了fun。fun就等同一个strname被初始化后的recoder()函数。此时的fun可以理解为一个recoder()的闭合函数，自由变量strname存在于该闭合函数之内。

闭合函数会比普通的函数多一个属性——“__closure__”，该属性会记录着自由变量的参数对象地址。当闭合函数被调用时，系统就会根据该地址找到自由变量，完成整体的函数调用。

接着上面的代码，演示查看“__closure__”属性，代码如下：

```
print(fun.__closure__) #输出(<cell at 0x000000000B49E4C8: str
                         object at 0x000000000C497030>,)
```

可以看到，显示的内容是一个字符串对象，这个对象就是fun中自由变量strname的初始值。“__closure__”属性的类型是一个元组，表明闭合函数可以支持多个自由变量的形式。

（4）装饰器

装饰器（decorator）的主要作用就是在扩展原有功能基础上，最大化地使用已有代码。也可以理解成：在不改变原有代码实现的基础上，添加新的实现功能。

装饰器的实现方法是：在原有的函数外面再包装一层函数，使新函数在返回原有函数之前实现一些其他的功能。例如：

```
def checkParams(fn):               #装饰器函数，参数是要被装饰的函数。相当于闭
                                    合函数
    def wrapper(strname):          #定义一个检查参数的函数
        if isinstance(strname, (str)):  #判断是否是字符串类型
            return fn(strname)     #如是，则调用fn(strname)返回计算结果
        print("variable strname is not a string tpye")
                                   #如果参数不符合条件，则打印警告，然后退出
        return
    return wrapper                 #将装饰后的函数返回

def wrapperfun(strname):           #闭合函数，strname为自由变量
    def recoder(age):              #定义一个嵌套函数recoder()
      print ('姓名:',strname,'年纪:',age)
                                   #函数的内容为一句代码，实现将指定内容输出
    return recoder                 #返回recoder()函数

wrapperfun2 = checkParams (wrapperfun )
                                   #对wrapperfun()进行装饰，即，将自由变量设
                                    为wapperfun()
fun = wrapperfun2 ('anna')         #wrapperfun2()为带有参数检查的闭合函数
fun(37)                            #为age赋值，输出"姓名: Anna 年纪: 37"
fun = wrapperfun2 (37)             #当输入参数不合法时，输出：variable
                                    strname is not a string type
```

这段代码中，添加了一个checkParams()函数。checkParams()是装饰器函数，返回值为内部定义的wrapper()函数。为了实现对原有函数wrapperfun()的参数检查，将wrapper()函数的参数与wrapperfun()参数保持一致。若被检查的参数合法，再调用原有函数，并将参数透传进去；若被检查的参数不合法，则打印警告。

在使用时，直接将函数wapperfun()传入到checkParams()中去，来完成对原函数wrapperfun()的装饰，并得到带有参数检查的闭合函数wrapperfun2()。于是

在最后一行代码中传入值为37而不是字符串，系统则打印警告。

装饰器本质是一个闭合函数，该闭合函数的自由变量是一个函数。它的存在可以使代码的重用性与扩展性大大加强。

由于Python语言设有参数类型的检查功能，在调用wrapperfun()函数时，如果传入一个数字或非字符串类型的参数，则会导致程序出错。

为了使程序更加健壮，则可以对wrapperfun()进行装饰，使其具有参数检查的功能。实际使用时，可以将本节例子代码中的wrapperfun2()全部变成wrapperfun() [装饰函数的语句就会变成：wrapperfun = checkParams (wrapperfun)]，这样得到的wapperfun()就具有了参数检查的功能，代码的改动量也很小。

在实际情况中，装饰器的应用场景非常广泛。除了为函数添加参数检查外，还可以为函数添加调试信息、日志等。

（5）@修饰符

@修饰符是装饰器函数的另一种写法，它的作用是，在定义原函数时就可以为其指定装饰器函数。这样做的好处是：使装饰器与被装饰函数的关系更加明显，也使得需要装饰的函数在第一时间得到装饰，降低了编码出错的可能性。

@修饰符的语法是：在@后面添加装饰器函数，同时在其下一行添加被装饰函数的定义。例如：

```
def checkParams(fn):              #装饰器函数，参数是要被装饰的函数。相当于闭
                                   合函数
    def wrapper(strname):         #定义一个检查参数的函数
        if isinstance(strname, (str)) :
                                  #判断是否是字符串类型
            return fn(strname)    #如果是，则调用fn(strname)返回计算结果
        print("variable strname is not a string tpye")
                                  #如果参数不符合条件，则打印警告，然后退出
        return
    return wrapper                #将装饰后的函数返回

@checkParams                      #使用@修饰符来实现对wrapperfun()的修饰
def wrapperfun(strname):          #闭合函数，strname为自由变量
    def recoder(age):             #定义一个嵌套函数recoder()
      print ('姓名:',strname,'年纪:',age)
                                  #函数的内容为一句代码，实现将指定内容输出
    return recoder                #返回recoder()函数

fun = wrapperfun ('Anna')         #wrapperfun()为带有参数检查的闭合函数
```

```
fun(37)                    #为age赋值，输出"姓名：Anna年纪：37"
fun = wrapperfun(37)       #当输入参数不合法时，输出：variable strname
                            is not a string type
```

使用一个“@”符号，就可以把装饰器与被装饰函数的关系简洁地体现出来，这也是编写代码中较常用的写法。

5.2 跟我做：用Python实现大屏程序

大屏程序，也称为数据大屏或可视化大屏，是一种以数据可视化的方式在一个或多个LED大屏幕或液晶显示屏上显示业务的一些关键指标的程序。它是将可视化和场景叙事技术结合，运行在非接触式连接的酷炫大屏上，满足多种数据展示场景需求。

数据大屏的应用场景非常广泛。例如，在政府、商业、金融、制造等多个业务场景中，数据大屏具有日常监测、分析判断、展示汇报等多种功能。同时，它也是企业展示其核心经营理念、公司核心战略/公司品牌理念、业务亮点、主要对外展示的整体公开数据等的重要工具。此外，数据大屏还常用于领导或同行的参观介绍、对外形象展示等场合。本节就来实现一个大屏程序。

（1）安装模块

本节实例使用了Github上的一个开源项目：big_screen。该项目的后端使用了轻量级的Web应用框架Flask。Flask是一个轻量级的Web应用框架，使用Python编写。它适用于构建各种类型的Web应用程序，旨在通过简单的核心构建强大的应用程序，同时保持其扩展性。安装命令如下：

```
pip install flask
```

如果安装失败，还可使用如下命令进行安装：

```
pip install -i https://pypi.tuna.tsinghua.edu.cn/simple flask
```

该命令中的“-i”参数，指定了系统从国内的清华园镜像进行安装。

（2）下载并运行代码

来到Github网站上路径为TurboWay/big_screen的页面，如图5-3所示。点击图5-3中的绿色按钮，可以通过3种方式将big_screen的源码下载到本地。

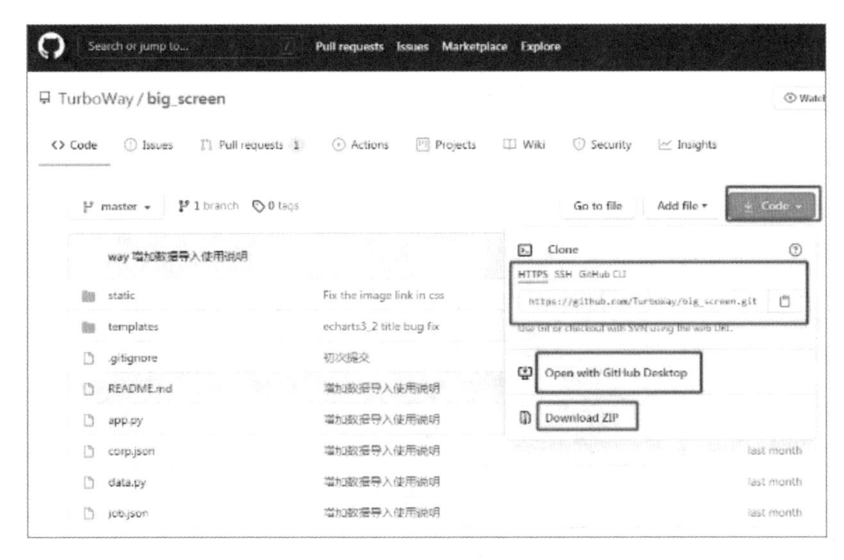

图5-3　big_screen

将big_screen项目源码解压后，通过命令行，来到代码所在位置，运行big_screen源码中的app.py文件。如图5-4所示，即可看到系统启动了基于Flask框架的web程序。

```
(py311) D:\project\python book>cd big_screen-master

(py311) D:\project\python book\big_screen-master>cd big_screen-master

(py311) D:\project\python book\big_screen-master\big_screen-master>python app.py
 * Serving Flask app 'app'
 * Debug mode: off
WARNING: This is a development server. Do not use it in a production deployment. Use
a production WSGI server instead.
 * Running on http://127.0.0.1:5000
Press CTRL+C to quit
```

图5-4　启动了基于Flask框架的web程序

打开浏览器访问 http://127.0.0.1:5000/ ，即可看到大屏页面。部分内容如图5-5所示。

图5-5　大屏页面的部分内容

5.2.1　跟我学：快速上手Flask框架

5.2节所介绍的big_screen项目主要是用了Flask对模板渲染的功能。核心代码在app.py中，只有22行，具体如下：

```
1  from flask import Flask, render_template
2  from data import *
3
4  app = Flask(__name__)
5
6  @app.route('/')
7  def index():
8      data = SourceData()
9      return render_template('index.html', form=data, title=data.title)
10
11 @app.route('/corp')
12 def corp():
13     data = CorpData()
14     return render_template('index.html', form=data, title=data.title)
15
16 @app.route('/job')
17 def job():
18     data = JobData()
19     return render_template('index.html', form=data, title=data.title)
20
21 if __name__ == "__main__":
22     app.run(host='127.0.0.1', debug=False)
```

（1）了解Flask的开发方法

通过该代码的解读，可以快速掌握Flask的开发方法。

- 代码第1～2行导入了Flask框架的核心模块以及从data模块导入所有内容。Flask类用于创建Web应用程序对象，而render_template()函数用于加载HTML模板并进行渲染。
- 代码第4行创建了一个Flask Web应用程序实例，使用当前Python文件名作为模块名。每个Python文件在Flask中都被视为一个模块，"__name__"变量表示当前文件的名称。
- 代码第6、11、16行使用装饰器@app.route来定义一个路由。当用户访问这个URL时，会执行下面的index函数。在这个例子中，URL路径是'/'，即应用程序的首页。该程序额外还有两个页面，他们的URL路径分别是'/corp'和'/job'。
- 在代码第7行的index()函数中，首先创建了一个SourceData类的实例，并将其赋值给变量data。然后使用render_template()函数渲染名为index.html的模板，并将data对象和data.title作为变量传递给模板。最后返回渲染后的HTML响应。

- 在代码第13、18行分别创建了类CorpData和类JobData的实例，这两个实例会载入big_screen项目中的数据文件corp.json（全国企业数据）和job.json（厦门招聘数据）。
- 代码第21、22行检查当前Python文件是不是直接运行的主文件（而不是被导入），如果是，则运行应用程序。app.run()方法启动了Web应用程序服务器，监听在IP地址'127.0.0.1'（即本机）上，并且关闭了调试模式（debug=False）。这意味着应用程序将在一个生产环境中运行，而不是开发环境中。

由app.py的代码可知，该程序还有两个访问路径：

```
http://127.0.0.1:5000/corp
http://127.0.0.1:5000/job
```

这两个路径打开后的界面（部分内容）如图5-6所示。

图5-6　大屏的其他界面

（2）了解Flask与数据的交互流程

在这个项目中，Flask框架相当于一个枢纽站，当它接到用户请求之后，会通过data.py代码文件加载数据指定的数据，并将该数据与templates文件夹下的index.html（HTML模板）文件一起进行渲染，得到最终的网页。完整流程如图5-7所示。

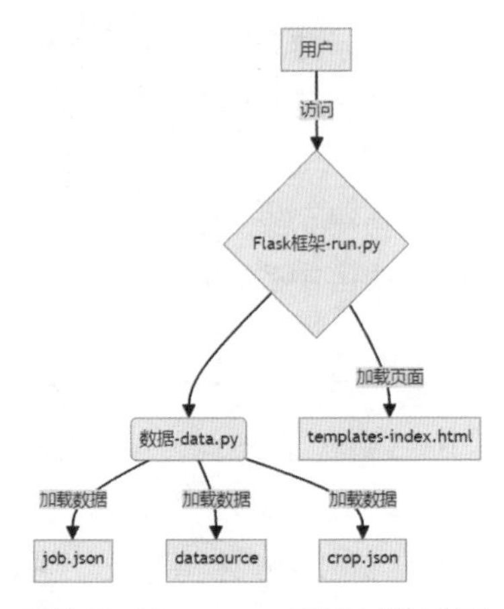

图5-7　big_screen项目内部流程图

5.2.2　跟我学：了解大屏程序的数据加载过程

在big_screen项目中，数据是通过代码文件data.py进行加载的，下面我们就来了解一下该代码的内部原理。

代码文件data.py中实现了四个类：SourceDataDemo、SourceData、CorpData、JobData。其中SourceDataDemo是基类，其他3个是子类。它们之间的关系如图5-8所示。

从图5-8中可以看到，基类SourceDataDemo中定义了很多成员变量，大屏页面所要显示的图表，就是根据这些成员变量中的数据生成的。它们之间的对应关系如图5-9所示。

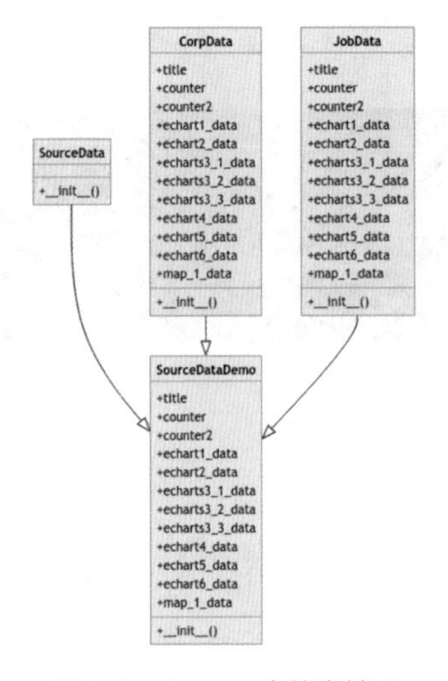

图5-8　data.py中的类关系

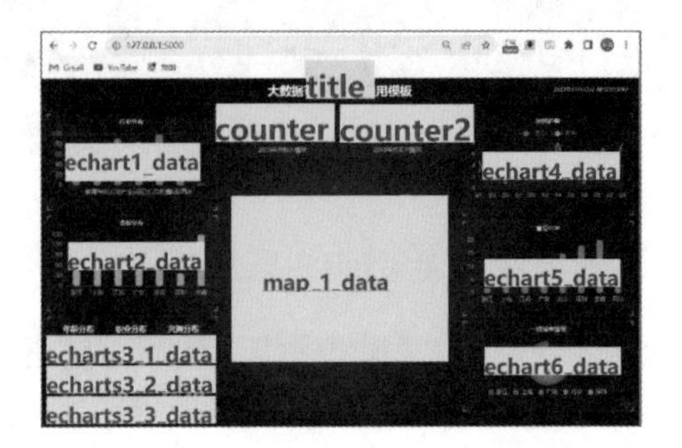

图5-9　数据与网页的映射关系

在基类SourceDataDemo中，通过初始化函数“__init__()”实现了原始的默认数据。其部分代码如下：

```
class SourceDataDemo:

    def __init__(self):
        self.title = '大数据可视化展板通用模板'
        self.counter = {'name': '2018年总收入情况', 'value': 12581189}
        self.counter2 = {'name': '2018年总支出情况', 'value': 3912410}
        self.echart1_data = {
            'title': '行业分布',
            'data': [
                {"name": "商超门店", "value": 47},
                {"name": "教育培训", "value": 52},
                {"name": "房地产", "value": 90},
                {"name": "生活服务", "value": 84},
                {"name": "汽车销售", "value": 99},
                {"name": "旅游酒店", "value": 37},
                {"name": "五金建材", "value": 2},
            ]
        }
        self.echart2_data = {
            'title': '省份分布',
            'data': [
                {"name": "浙江", "value": 47},
                {"name": "上海", "value": 52},
                {"name": "江苏", "value": 90},
                {"name": "广东", "value": 84},
                {"name": "北京", "value": 99},
                {"name": "深圳", "value": 37},
                {"name": "安徽", "value": 150},
            ]
        }
        self.echarts3_1_data = {
            'title': '年龄分布',
            'data': [
                {"name": "0岁以下", "value": 47},
                {"name": "20-29岁", "value": 52},
                {"name": "30-39岁", "value": 90},
                {"name": "40-49岁", "value": 84},
                {"name": "50岁以上", "value": 99},
            ]
        }
        self.echarts3_2_data = {
            'title': '职业分布',
            'data': [
                {"name": "电子商务", "value": 10},
                {"name": "教育", "value": 20},
                {"name": "IT/互联网", "value": 20},
                {"name": "金融", "value": 30},
                {"name": "学生", "value": 40},
                {"name": "其他", "value": 50},
            ]
        }
```

在子类SourceData中，通过SourceDataDemo类的继承，获得了SourceDataDemo类的默认数据，其代码如下：

```
class SourceData(SourceDataDemo):

    def __init__(self):
        """
        按照 SourceDataDemo 的格式覆盖数据即可
        """
        super().__init__()
        self.title = '大数据可视化展板通用模板'
```

在子类CorpData、JobData中，通过继承SourceDataDemo类，获得了SourceDataDemo类中的成员变量，但他们使用各自的初始化函数“__init__()”，加载外部json格式的文件，拥有了自己的数据，实现了数据重载。代码如下：

```
class CorpData(SourceDataDemo):

    def __init__(self):
        """
        按照 SourceDataDemo 的格式覆盖数据即可
        """
        super().__init__()
        with open('corp.json', 'r', encoding='utf-8') as f:
            data = json.loads(f.read())
        self.title = data.get('title')
        self.counter = data.get('counter')
        self.counter2 = data.get('counter2')
        self.echart1_data = data.get('echart1_data')
        self.echart2_data = data.get('echart2_data')
        self.echarts3_1_data = data.get('echarts3_1_data')
        self.echarts3_2_data = data.get('echarts3_2_data')
        self.echarts3_3_data = data.get('echarts3_3_data')
        self.echart4_data = data.get('echart4_data')
        self.echart5_data = data.get('echart5_data')
        self.echart6_data = data.get('echart6_data')
        self.map_1_data = data.get('map_1_data')

class JobData(SourceDataDemo):

    def __init__(self):
        """
        按照 SourceDataDemo 的格式覆盖数据即可
        """
        super().__init__()
        with open('job.json', 'r', encoding='utf-8') as f:
            data = json.loads(f.read())
        self.title = data.get('title')
        self.counter = data.get('counter')
        self.counter2 = data.get('counter2')
        self.echart1_data = data.get('echart1_data')
        self.echart2_data = data.get('echart2_data')
        self.echarts3_1_data = data.get('echarts3_1_data')
        self.echarts3_2_data = data.get('echarts3_2_data')
        self.echarts3_3_data = data.get('echarts3_3_data')
        self.echart4_data = data.get('echart4_data')
        self.echart5_data = data.get('echart5_data')
        self.echart6_data = data.get('echart6_data')
        self.map_1_data = data.get('map_1_data')
```

5.2.3 跟我学：掌握类方法中的super()函数

在5.2.2节的子类SourceData、CorpData、JobData代码中，都会看到一个super()函数，该函数作用是：获得父类的对象，并调用父类的方法，并保证父类的方法只被执行一次。

在一个单重继承关系的代码中，在子类里，通过父类来调用父类的方法，原本就是只执行了一次。但如果继承关系比较复杂时，很容易出现父类方法被多次自动调用的情况。这是在编程过程中不希望发生的。而super()函数正式用于避免这种问题的出现。

为了更好地说明问题，下面将通过两个程序片段来演示。

（1）反面案例：直接调用父类，实现多重继承中的父类调用

通过编写代码直接调用父类方法，实现在多重继承中对父类方法的调用。具体代码如下：

```
class Record:                          #定义一个父类
  """A record class"""                 #定义该类的说明字符串
  __Occupation = "scientist"           #职业为科学家，私有变量
  def __init__(self, name, age):       #定义该类的初始化函数
    self.name = name                   #将传入的参数值赋值给成员变量
    self.age = age

  def showrecode(self):                #定义一个成员函数
    print("Occupation:",self.getOccupation() )
                                       #该成员函数返回该类的成员变量

  def getOccupation(self):             #返回私有变量的方法
    return self.__Occupation

class FemaleRecord(Record):            #定义一个子类
  """A GirlRecord class"""             #定义该类的说明字符串
  def showrecode(self):                #定义一个成员函数
    print(self.name,':',self.age,",female" )
                                       #该成员函数返回该类的成员变量
    Record.showrecode(self)            #调用其父类的showrecode方法

class RetireRecord(Record):            #定义一个子类
    """A RetireRecord class"""         #定义该类的说明字符串
    def showrecode(self):              #定义一个成员函数
```

```
        Record.showrecode(self)    #调用其父类的showrecode方法
        print("retired worker" )  #该成员函数返回该类的成员变量

class ThisRecord(FemaleRecord,RetireRecord):
                                    #同时继承FemaleRecord,
                                     RetireRecord
  """A ThisRecord class"""          #定义该类的说明字符串
  def showrecode(self):             #定义一个成员函数
    print("the member detail as follow:" )
                                    #该成员函数返回该类的成员变量
    FemaleRecord.showrecode(self) #调用其父类的showrecode方法
    RetireRecord.showrecode(self)

myc =ThisRecord ("Anna",62)
myc.showrecode()
```

例子中的类结构如下:

- 父类为Record;
- Record派生的两个子类为FemaleRecord与RetireRecord;
- ThisRecord继承于FemaleRecord与RetireRecord。

Record、FemaleRecord、RetireRecord与ThisRecord这四个类都分别实现了各自的showrecode 方法。具体如下:

- 孙子类ThisRecord的showrecode中，调用了其父类FemaleRecord与RetireRecord的showrecode方法;
- 子类FemaleRecord与RetireRecord的showrecode中，分别调用了其父类Record的showrecode方法。

程序的最后两行是对孙子类ThisRecord的实例化，并调用其实例化的showrecode函数。代码运行后，输出如下:

```
the member detail as follow:
Anna : 62 ,female
Occupation: scientist
Occupation: scientist
retired worker
```

可以看到，输出中的第3、4行是一样的内容。该内容是父类Record中showrecode()函数输出的。这表明，父类Record中的showrecode()函数被调用了两遍。

在实际编程过程中，这种父类函数被自动执行多次的情况是一定要避免的。如果showrecode()函数中做了一些资源申请之类的操作，这种写法会导致资源泄露，会严重地影响程序的性能。而且，代码中并没有调用两次的语句，这也大大增加了排查错误的困难。接下来，就使用super()函数对该例子进行优化，避免这种情况发生。

（2）正确案例：使用super函数，实现多重继承中的父类调用

编写代码，对上面的“（1）反面案例：直接调用父类，实现多重继承中的父类调用”中的子类与孙子类内部的showrecode()函数进行修改。将showrecode()函数中对父类的引用部分都换成super()函数。代码如下：

```
class Record:                          #定义一个父类
  """A record class"""                 #定义该类的说明字符串
  __Occupation = "scientist"           #职业为科学家，私有变量
  def __init__(self, name, age):       #定义该类的初始化函数
    self.name = name                   #将传入的参数值赋值给成员变量
    self.age = age

  def showrecode(self):                #定义一个成员函数
    print("Occupation:",self.getOccupation() )
                                       #该成员函数返回该类的成员变量

  def getOccupation(self):             #返回私有变量的方法
    return self.__Occupation

class FemaleRecord(Record):            #定义一个子类
  """A GirlRecord class"""             #定义该类的说明字符串
  def showrecode(self):                #定义一个成员函数
    print(self.name,':',self.age,",female" )
                                       #该成员函数返回该类的成员变量
    super().showrecode()

class RetireRecord(Record):            #定义一个子类
  """A RetireRecord class"""           #定义该类的说明字符串
  def showrecode(self):                #定义一个成员函数
    super().showrecode()
    print("retired worker" )           #该成员函数返回该类的成员变量

class ThisRecord(FemaleRecord,RetireRecord):   #定义一个类
  """A ThisRecord class"""             #定义该类的说明字符串
```

```
    def showrecode(self):             #定义一个成员函数
      print("the member detail as follow:" )
                                      #该成员函数返回该类的成员变量
      super().showrecode()

myc =ThisRecord ("Anna",62)
myc.showrecode()
```

再次运行代码，输出如下内容：

```
the member detail as follow:
Anna : 62 ,female
Occupation: scientist
retired worker
```

可以看到，第三行的内容（“Occupation: scientist”）只输出了一次。表明父类Record中的showrecode()函数被调用了一遍，程序达到了想要的效果。另外，在孙子类的函数showrecode()中，使用super()函数返回的是其继承的多个父类列表。系统会按照继承时的顺序，依次对每个父类进行showrecode方法的调用。

super()函数，是Python面向对象编程部分内置的一个非常有用的函数，它能提高程序的稳定性、可控性，也使得代码更为简洁。尤其在处理复杂继承关系的面向对象编程中，一定要将super()函数应用起来。

使用super()函数时，对父类的方法调用会自动传入self。无须再传入self，否则会报错误。

5.2.4 跟我学：使用装饰器实现类的私有化

在代码文件data.py中，SourceDataDemo类的后半部分，使用@property为每个变量都定义了一个方法，代码如下：

代码第16、26行中所使用的装饰器@property，是将类SourceDataDemo的成员变量echar1、echar2加上一个私有化（private）权限。被私有化的属性不能被该类的实例化对象直接访问，但是类的内部成员函数是可以访问的。如果类的实例化对象想要取得该类的私有化属性，可以通过调用该类中的函数来完成。

私有化属性的应用可以提高程序的健壮性，防止实例化后的类属性被任意篡改。

（1）私有化类属性的一般实现

一般来讲，通过在类属性名字前面加两个下划线，就可以直接实现类属性的私有

```
1  class SourceDataDemo:
2
3      def __init__(self):
4          self.title = '大数据可视化展板通用模板'
5          self.counter = {'name': '2018年总收入情况', 'value': 12581189}
6          ......
7          self.map_1_data = {
8              'symbolSize': 100,
9              'data': [
10                 {'name': '海门', 'value': 239},
11                 {'name': '鄂尔多斯', 'value': 231},
12                 {'name': '招远', 'value': 203},
13             ]
14         }
15
16     @property
17     def echart1(self):
18         data = self.echart1_data
19         echart = {
20             'title': data.get('title'),
21             'xAxis': [i.get("name") for i in data.get('data')],
22             'series': [i.get("value") for i in data.get('data')]
23         }
24         return echart
25
26     @property
27     def echart2(self):
28         data = self.echart2_data
29         echart = {
30             'title': data.get('title'),
31             'xAxis': [i.get("name") for i in data.get('data')],
32             'series': [i.get("value") for i in data.get('data')]
33         }
34         return echart
35     ......
```

化，代码如下：

```
class MyClass:                         #定义一个类
  """A record class"""                 #定义该类的说明字符串
  __Occupation = "scientist"           #职业为科学家，私有变量
  def __init__(self, name, age):       #定义该类的初始化函数
    self.name = name                   #将传入的参数值赋值给成员变量
    self.age = age
```

```
  def getrecode(self):                 #定义一个成员函数
    return self.name,self.age          #该成员函数返回该类的成员变量
  def getOccupation(self):             #返回私有变量的方法
    return self.__Occupation
```

可以看到，代码中，代表职业的类属性名字前面加了两个下划线，变为“__Occupation”，这代表私有属性。同时又提供了该私有化属性“__Occupation”的访问函数getOccupation，会返回该类的职业。

（2）使用私有化方法保护实例对象

接下来，实例化两个对象，并修改其中一个对象的职业，看看会发生什么。代码如下：

```
myc =MyClass ("Anna",42)              #实例化一个对象Anna，并为其初始化
myc2 =MyClass ("Gary",38)             #实例化一个对象Gary，并为其初始化
myc2.__Occupation = "inventor"        #将Gary的职业属性改成了发明家
print(myc.getOccupation())            #打印出Anna的职业。输出：scientist
```

上面的代码实例化了两个对象，Anna与Gary。将Gary的职业属性改成了发明家（inventor），并调用Anna对象的getOccupation方法来获得职业。

运行上述代码后可以看到，程序输出了Anna的职业是科学家（scientist）。这表明，修改Gary的职业属性并没有影响到Anna。

（3）演示私有化的不可见性

接下来，分别打印Gary的“__Occupation”属性、getOccupation方法的返回值，观察Gary的职业如何变化。代码如下：

```
print(myc2.__Occupation)     #打印出Gary的__Occupation。输出：inventor
print(myc2.getOccupation()) #打印出Gary的职业。输出：scientist
```

可以看出，Gary的“__Occupation”属性（inventor）与getOccupation方法的返回值（scientist）并不一样。这表明，myc2的“__Occupation”与MyClass类无关，是myc2对象自己添加的一个属性。而类MyClass中的“__Occupation”值并没有变化，只是myc2对象访问不到而已。只有调用该类的getOccupation方法才可返回该类中私有属性“__Occupation”的值：scientist。

打印Anna的对象（myc）的“__Occupation”属性。代码如下：

```
print(myc.__Occupation)  #系统报错, AttributeError: 'MyClass' object
                          has no attribute '__Occupation'
```

执行上面的代码会报错，提示MyClass没有“__Occupation”属性。再次证明了，私有变量“__Occupation”对于实例化对象是不可见的。

（4）私有化的原理

在Python中，私有化的原理是通过将私有化变量改名的方式实现的。可以看下面代码：

```
print(MyClass.__dict__)          #输出MyClass的类属性
```

这句代码是要输出MyClass的类属性。运行之后可以看到如下结果：

```
{'__module__': '__main__', '__doc__': 'A record class', '_MyClass__
Occupation': 'scientist', '__init__': <function MyClass.__init__
at 0x00000260ED4127B8>, 'getrecode': <function MyClass.getrecode
at 0x00000260ED4122F0>, 'getOccupation': <function MyClass.
getOccupation at 0x00000260ED412378>, 'SetOccupation': <function
MyClass.SetOccupation at 0x00000260ED412840>, '__dict__':
<attribute '__dict__' of 'MyClass' objects>, '__weakref__':
<attribute '__weakref__' of 'MyClass' objects>}
```

可以看到显示的类属性中，有一个“_MyClass__Occupation”变量。这个变量就是私有变量“__Occupation”。这表明Python语法会自动将私有变量改名字，通过这种方式，让实例化对象找不到该私有变量。

当然，也可以直接访问这个名字来验证结果。代码如下：

```
print(myc._MyClass__Occupation)  #输出了私有变量的值：scientist
```

这表明其实私有变量也是可以访问的。只是改了个名字而已。这部分知识是方便读者更深层地了解私有化原理，在实际编程时可以借鉴。

（5）用装饰器实现私有变量的get函数

用装饰器可将私有变量的get或set方法装饰成类中的一个属性，从而使私有化的类属性也可以被直接访问。代码举例如下：

```
class MyClass:                          #定义一个类
    """A record class"""                #定义该类的说明字符串
    __Occupation = "scientist"          #职业为科学家，私有变量
    def __init__(self, name, age):      #定义该类的初始化函数
        self.name = name                #将传入的参数值赋值给成员变量
        self.age = age

    def getrecode(self):                #定义一个成员函数
        return self.name,self.age       #该成员函数返回该类的成员变量

    def getOccupation(self):            #返回私有变量的方法
        return self.__Occupation

    @property
    def Occupation(self):               #将get函数装饰成属性
        return self.__Occupation

myc =MyClass ("Anna",42)                #实例化一个对象Anna，并为其初始化
print(myc.getOccupation())              #打印出Anna的职业。输出：scientist
print(myc.Occupation)                   #以属性的访问方式来调用装饰器的函数。输
                                         出：scientist
```

在上面代码中，Occupation()函数的上方添加装饰器@property，就可以直接把Occupation当成属性来用（见上面代码的最后一行）。程序运行后，调用getOccupation函数与直接访问Occupation输出了同样的结果：scientist。

（6）装饰器实现私有变量的set函数

继续扩展上面“（5）用装饰器实现私有变量的get函数”的例子，对变量“__Occupation”的值做业务逻辑方面的限制，即，只允许变量“__Occupation”的值为inventor或scientist。若改成其他值，让程序报错。实现时，可以在MyClass类中添加一个“__Occupation”的set函数。代码如下：

```
class MyClass:                          #定义一个类
    """A record class"""                #定义该类的说明字符串
    __Occupation = "scientist"          #职业为科学家，私有变量
    def __init__(self, name, age):      #定义该类的初始化函数
        self.name = name                #将传入的参数值赋值给成员变量
        self.age = age
```

```
  @property
  def Occupation(self):              #将get函数装饰成属性
    return self.__Occupation

  @Occupation.setter
  def Occupation(self,value):        #将set函数装饰成属性
    if (value != 'inventor') and (value != 'scientist'):
         raise (ValueError('Occupation must be inventor or
scientist!'))
    else:
       self.__Occupation = value

myc =MyClass ("Anna",42)            #实例化一个对象Anna，并为其初始化
print(myc.Occupation)                #打印出Anna的职业。输出：scientist
myc.Occupation = 'inventor'          #以属性的访问方式来调用装饰器的函数。进
                                      行私有变量修改
print(myc.Occupation)                #打印出Anna的职业。输出：inventor
```

上面代码是在原有的基础上，增加了一个被 @Occupation.setter装饰的Occupation()函数，在Occupation()函数里，对传入的参数进行判断。如果传入的参数既不等于inventor又不等于scientist，就抛出异常；否则就修改私有变量“__Occupation”的值。

很明显，函数Occupation是私有变量“__Occupation”的set函数。通过@Occupation.setter装饰之后，就可以当作属性被调用了（代码中倒数第二行）。

最后一行打印Anna职业时，输出的值为inventor，这表明倒数第二行的代码已经生效，已成功地修改了私有变量“__Occupation”的值。

同样，在 @Occupation.setter装饰的Occupation()函数中，对参数的检查也是生效的。

接着上面代码，添加如下代码：

```
myc.Occupation = 'doctor'  #抛出异常。ValueError: Occupation must be
                            inventor or scientist!
```

执行后，程序会报出异常。提示修改Occupation的值非法。

使用“装饰器+私有变量”的方式，在提升代码健壮性的同时，又保留了对属性直接访问的取值方式，使得get()与set()的操作变得透明。这样封装出的类，使用起来会更加安全和方便。

5.2.5 跟我学：了解Flask与HTML模板的数据交互

Flask框架通过render_template()函数载入HTML模板，并进行与HTML模板间的数据交互。下面就来了解一下big_screen项目中的HTML模板——index.html文件。

HTML模板文件index.html是由HTML语言和JS脚本语言写的，由于代码过长，将部分内容省略后如下：

```
1  <!doctype html>
2  <html> <!-- html标签  -->
3  <head> <!-- html的head部分 -->
4      <meta charset="utf-8">
5      <title>index</title>
6      <script type="text/javascript" src="../static/js/jquery.js"></script>
7      <link rel="stylesheet" href="../static/css/comon0.css">
8  </head>
9  <script> //js 脚本
10     $(window).load(function(){
11             $(".loading").fadeOut()
12             })
13     // 省略部分内容......
14 </script>
15 <body>  <!-- html的body部分  -->
16     <div class="canvas" style="opacity: .2">
17     <!-- 省略部分内容......  -->
18     </div>
19     <!-- 省略部分内容......  -->
20 </body>
21 </html>
```

整个代码结构分为<head>和<body>两部分，JS脚本语言可以在任意位置出现，使用<script>和</script>包括起来。在index.html，需要重点关注的是<body>部分，省略部分内容后的代码如下：

在下面代码的第13行，创建了一个mainbox的div容器，该div容器用于存放整个页面的布局。代码第16 ~ 21行创建了一个div容器，存放第一个图表的元素（见图5-9中的echart1_data区域），该图表对应于类：SourceDataDemo 中的私有成员变量echart1_data，echart1_data成员变量属于私有权限无法直接访问，在使用时会通过SourceDataDemo 类的echart1属性变量进行访问。

```
<!doctype html>
<html> <!-- html标签  -->
<head> <!-- html的head部分 -->
    <!-- 省略部分内容......  -->
</head>
<script> //js 脚本
    // 省略部分内容......
</script>
<body>  <!-- html的body部分  -->
    <div class="canvas" style="opacity: .2">
        <!-- 省略部分内容......  -->
    </div>
    <div class="mainbox"> <!-- 页面布局  -->
        <ul class="clearfix">
            <li>
                <!-- 显示echart1图表......  -->
                <div class="boxall" style="height: 3.2rem">
                    <div class="alltitle">{{form.echart1.title}}</div>
                    <div class="allnav" id="echart1"></div>
                    <div class="boxfoot"></div>
                </div>
                <!-- 显示echart2图表......  -->
                <div class="boxall" style="height: 3.2rem">
                    <div class="alltitle">{{form.echart2.title}}</div>
                    <!-- 省略部分内容......  -->
                </div>
                <!-- 省略部分内容......  -->
            </li>
            <!-- 省略部分内容......  -->
        </ul>
    </div>
    <div class="back"></div>
    <!-- 省略部分内容......  -->
</body>
</html>
```

代码第18行，通过在HTML页面中使用“{{变量名}}”的语法，实现获取Flask中的属性变量echart1中的title内容，并将其数据显示在页面上。同理，代码第24行也是使用了“{{变量名}}”的语法，实现了与Flask框架的数据交互。

在代码第19行，创建div容器的同时，也定义了一个名字叫echar1的id，该id是这个div的唯一标识，用于实现HTML与JS脚本之间的交互。

5.2.6 跟我做：改变大屏程序的显示图表

在big_screen项目中的index.html文件里，有一部分专门用于显示图表的JS脚本，具体代码如下：

```
1  <body>  <!-- html的body部分  -->
2      <!-- 省略部分内容......  -->
3      <div class="mainbox"> <!-- 页面布局  -->
4          <!-- 省略部分内容......  -->
5      </div>
6      <!--实现echart1图表的js 脚本 -->
7      <script>
8          $(function echarts_1() {
9              // 基于准备好的dom，初始化echarts实例
10             var myChart = echarts.init(document.getElementById('echart1'));
11
12             option = { //  定义option变量，实现图表详细配置
13                     tooltip: {/*省略部分内容......*/ },
14                     /*省略部分内容......*/
15                     xAxis: [{                       // 设置x轴
16                         type: 'category',
17                         data: {{ form.echart1.xAxis | safe }},
18                         axisLine: { /* 省略部分内容......*/ },
19                         /* 省略部分内容......*/ }],
20                     yAxis: [{                       // 设置y轴
21                         type: 'value',
22                         /* 省略部分内容......*/ }],
23                     series: [{                      // 设置图表数据的显示样式
24                         type: 'bar', // 柱状
25                         data: {{ form.echart1.series | safe }},
26                         /* 省略部分内容......*/ }],
27                     };
28
29             myChart.setOption(option); // 使用刚指定的配置项和数据显示图表
30             window.addEventListener("resize", function () {
31                 myChart.resize();  });
32         })
33     </script>
34     <!--实现echart2图表的js脚本 -->
35     <script>
36         $(function echarts_2() {
37             // 基于准备好的dom，初始化echarts实例
38             var myChart = echarts.init(document.getElementById('echart2'));
39             // 省略部分内容......
40         })
41     </script>
42     <!-- 其他图表（echarts3_1、echarts3_2等）的js脚本，这里省略......  -->
43 </body>
```

代码第7～21行，定义了一个图表，该图表会在HTML中id为echar1的div容器内显示。整个过程可以分为3步：

① 代码第10行使用document.getElementById()函数找到HTML中id为echar1的div，并将其赋给变量myChart；

② 代码第12～27行，定义了一个图表显示的配置变量option；

③ 代码第29行，将option变量作用于myChart，完成图表的绘制。

其中，第2步是绘制图表的关键，在定义option变量时，里面有3个主要的参数：

- xAxis：描述图表的x轴区域；
- yAxis：描述图表的y轴区域；
- series：描述图表的数据显示区域；

在运行时，系统会通过调用可视化图表库echarts载入option变量，并进行渲染。Echarts是一个基于 JavaScript 的开源可视化图表库，可以在其官网的“zh/index.html”路径下找到其帮助网站。

（1）选择合适的图表

在Echarts的帮助网站，可以找到各种图表示例以及与其对应的option设置，如图5-10所示。

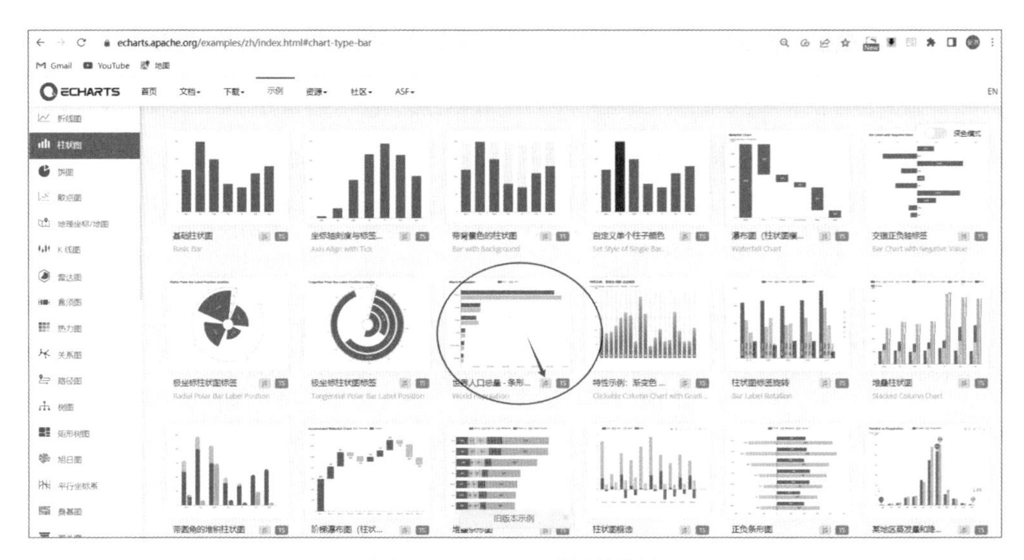

图5-10　Echarts的网站示例

本例中，选择图5-10中用椭圆形标记的图表进行替换，点击该图表下方的“JS”按钮，可以看到该图表对应的JS脚本，如图5-11所示。

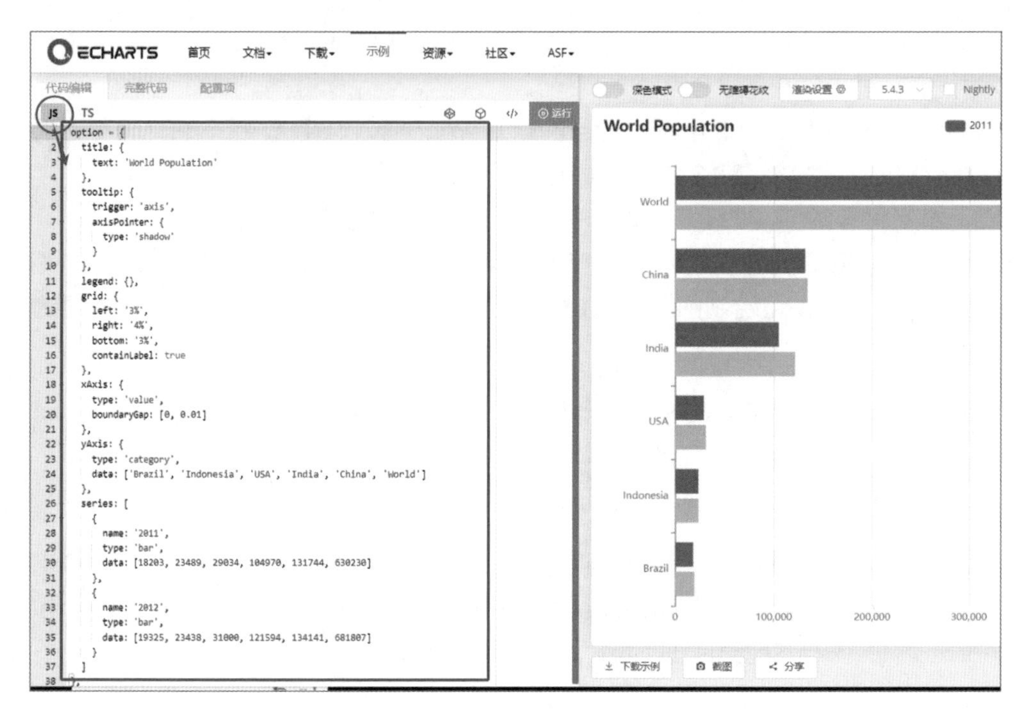

图5-11　图表对应的JS脚本

在图5-11中，左侧为JS脚本，右侧为该脚本渲染后所能显示出来的内容。用户可以在该界面任意修改，并点击代码区域右上方的“运行”按钮查看效果。

（2）复制并替换代码

在图5-11的代码区域中，可以看到option的定义，将其中最主要的三个部分xAxis、yAxis、series复制并替换到本例代码文件index.html中echar1的绘制部分。将新的代码与原来的index.html同时用vscode编辑器打开，对xAxis、yAxis、series这3部分依次进行修改。

① 修改xAxis参数。首先比较新旧代码的yAxis参数部分，如图5-12所示。

图5-12右侧的旧代码中，通过设置axisLabel参数实现了图表中x轴的显示样式。将旧代码中xAxis参数的axisLabel属性加到新代码中，完成新图表x轴的样式修改。

② 修改yAxis参数。接着比较新旧代码的yAxis参数部分，如图5-13所示。

将原来yAxis中的data参数，改成与Flask对接的数据，如图5-13左侧代码第176行。

将旧代码中yAxis参数的axisLabel属性加到新代码中，完成新图表y轴的样式修改。

③ 修改series参数。Series参数负责图表中显示数据的部分，修改时，需要将

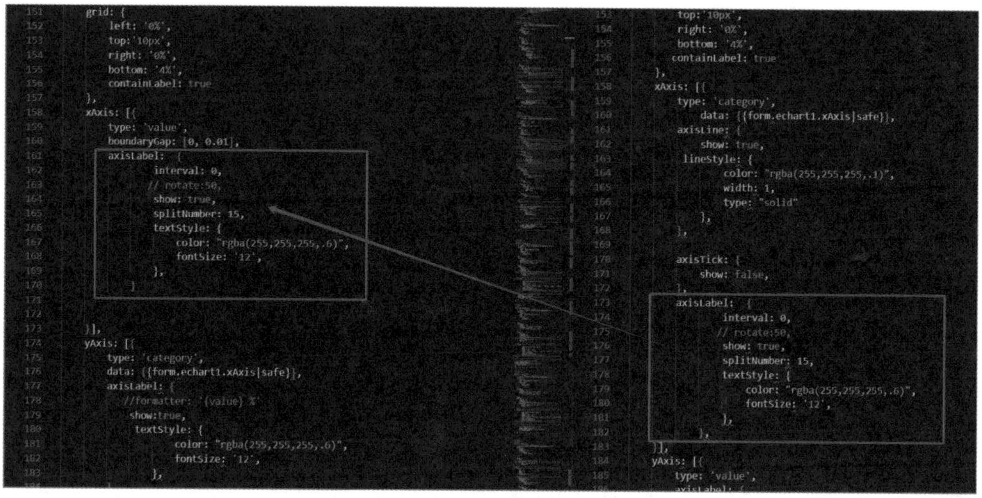

图5-12　xAxis参数的新旧比较（左：新代码，右：旧代码）

官方示例中的data改成与Flask对接的数据，如图5-14左侧代码第191行。如果要保持原有的样式，则还需要将旧代码（原index.html文件）中的其他部分复制过来，如图5-14所示。

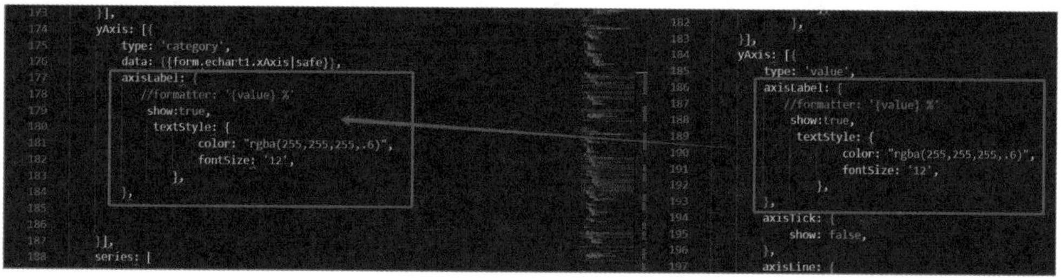

图5-13　yAxis参数的新旧比较（左：新代码，右：旧代码）

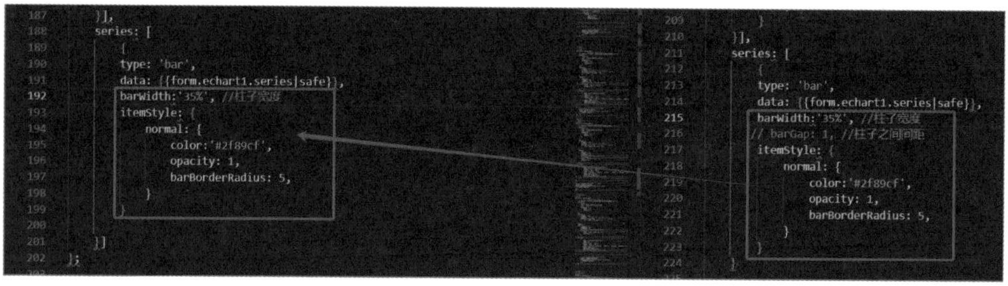

图5-14　series参数的新旧比较（左：新代码，右：旧代码）

代码修改好后，重新运行app.py程序，可以看到新的大屏页面，如图5-15所示。

图5-15的框内部分即为新调整后的图表。实际应用中，还可以根据数据的类

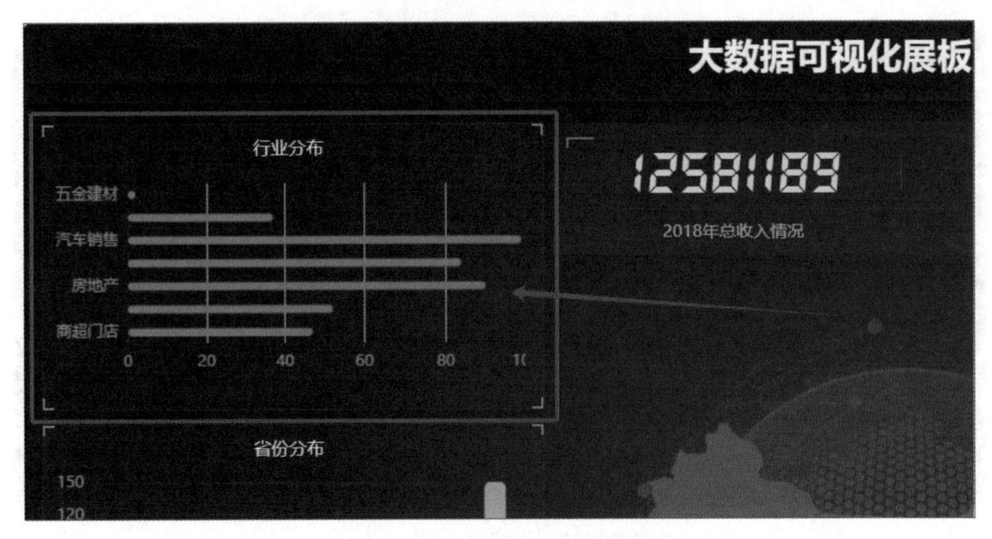

图5-15　新的大屏页面的新图表部分

型显示的需要，在Echarts网站上选择更符合实际的其他示例进行更换。

5.3　跟我做：用Python开发基于桌面的GUI交互工具

GUI的全称是图形用户界面，它是目前最流行的用户界面。GUI通过点选图标、菜单及按钮来操作电脑，而不需要记住复杂的命令。

在日常生活中，人们使用的电脑操作系统主要有Windows、Mac和Linux三种。其中以Windows系统用户居多，它提供了亲切易懂的桌面环境，对普通用户来说易上手。

作为一种流行的编程语言，Python也可以开发基于Windows的桌面应用程序。为了简化GUI开发，可以使用像PySimpleGUI这样的第三方模块。PySimpleGUI是一个Python GUI模块，它提供了丰富的GUI组件，比如按钮、文本框、列表框等，我们只需要几行代码就可以搭建出一个完整的图形界面。这对于Python入门级和中级开发者来说非常友好。

本例就来使用PySimpleGUI模块完成一个简单的交互程序。

（1）安装模块

通过以下命令可以完成PySimpleGUI模块的安装：

```
pip install PySimpleGUI
```

（2）编写代码

本例将实现一个非常简单的交互程序，旨在演示如何使用PySimpleGUI模块向GUI中添加按钮、菜单等控件，以及如何处理这些控件的点击事件。具体代码如下：

```
1  import PySimpleGUI as sg
2  def makewindow():
3      sg.theme("Dark Blue 3")                                    # 设置风格
4      menu_def = [['&File', ['&H菜单1', '&T菜单2']],             # 定义菜单
5                  ['&Help', ['&About...']], ]
6      # 绘制界面布局
7      layout = [      [sg.Menu(menu_def, tearoff=True)],         # 添加菜单
8          [sg.Text('欢迎使用PySimpleGUI')],                       # 添加文本
9          [sg.Button('按钮')],                                    # 添加按钮
10         [sg.Output(size=(40, 10))],     ]
11
12     window = sg.Window('PySimpleGUI例子', layout,
13                        default_element_size=(40, 1),  finalize = True,
14                        grab_anywhere=True)             # 支持用鼠标拖动窗口功能
15     while True:
16         event, values = window.read()                 # 获取窗口事件
17         if event == sg.WINDOW_CLOSED or event == '退出': # 根据窗口事件进行处理
18             break
19         if event == '按钮':
20             print('你点击了按钮！')
21         elif event == 'About...':
22             sg.popup('代码医生工作室', '致力于AI算法的研究、开发及传播',
23                      "公众号：相约机器人", title='关于代码医生工作室')
24
25 if __name__ == '__main__':
26     makewindow()
```

以上代码中，通过定义函数makewindow()来实现PySimpleGUI模块的使用。在函数makewindow()中主要分为两部分：

① 绘制控件：见代码第3～14行，通过设置风格（代码第3行）、绘制界面布局（代码第7～10行）、设置主窗口（代码第12～14行）来完成；

② 响应事件消息：见代码第15～23行，通过while循环来不停地接收响应事件消息，并根据所收到的具体消息，选择对应的if-else分支，来完成事件触发后的工作。

（3）运行代码

将代码保存为“myPySimpleGUI.py”并运行。生成的软件界面如图5-16所示。点击界面的“按钮”，可以看到输出框中显示出“你点击了按钮！”字样。点击Help

菜单下的About子菜单，可以看到关于对话框的弹出。

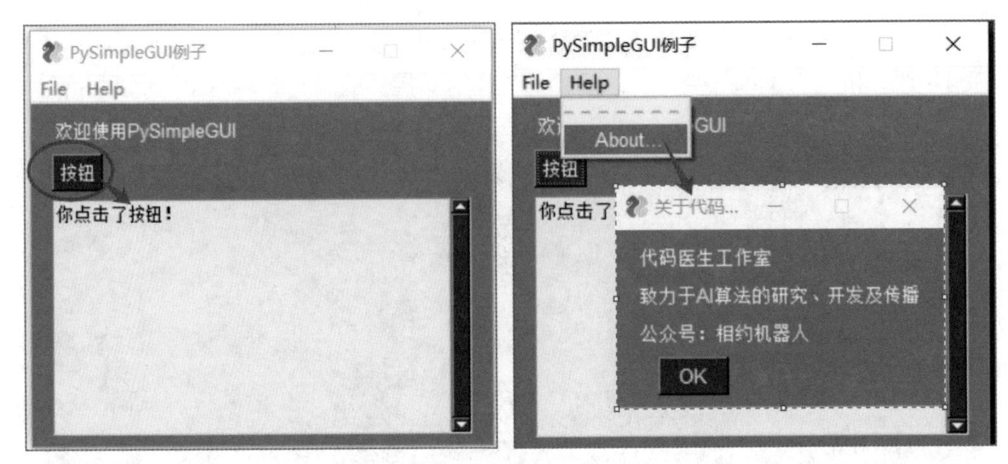

图5-16　程序运行界面

（4）了解PySimpleGUI模块的更多风格

在代码第3行中，设置了GUI的风格为“Dark Blue 3”。想要了解PySimpleGUI模块中的所有风格，可以通过sg.theme_list()函数获得。例如：

```
import PySimpleGUI as sg
sg.theme_list()
```

该代码运行后，输出如下内容：

```
"['Black', 'BlueMono', 'BluePurple', 'BrightColors', 'BrownBlue',
'Dark', 'Dark2', 'DarkAmber', 'DarkBlack', 'DarkBlack1',
'DarkBlue', 'DarkBlue1', 'DarkBlue10', 'DarkBlue11', 'DarkBlue12',
'DarkBlue13', 'DarkBlue14',
......
'Python', 'PythonPlus', 'Reddit', 'Reds', 'SandyBeach',
'SystemDefault', 'SystemDefault1', 'SystemDefaultForReal', 'Tan',
'TanBlue', 'TealMono', 'Topanga']"
```

上面这些内容只是PySimpleGUI模块中所支持的风格名称，如果要直观地了解每个风格所对应的样子，还可以使用如下代码：

```
import PySimpleGUI as sg
sg.theme_previewer ()
```

该代码运行后，系统会输出所有风格的样式，如图5-17所示。

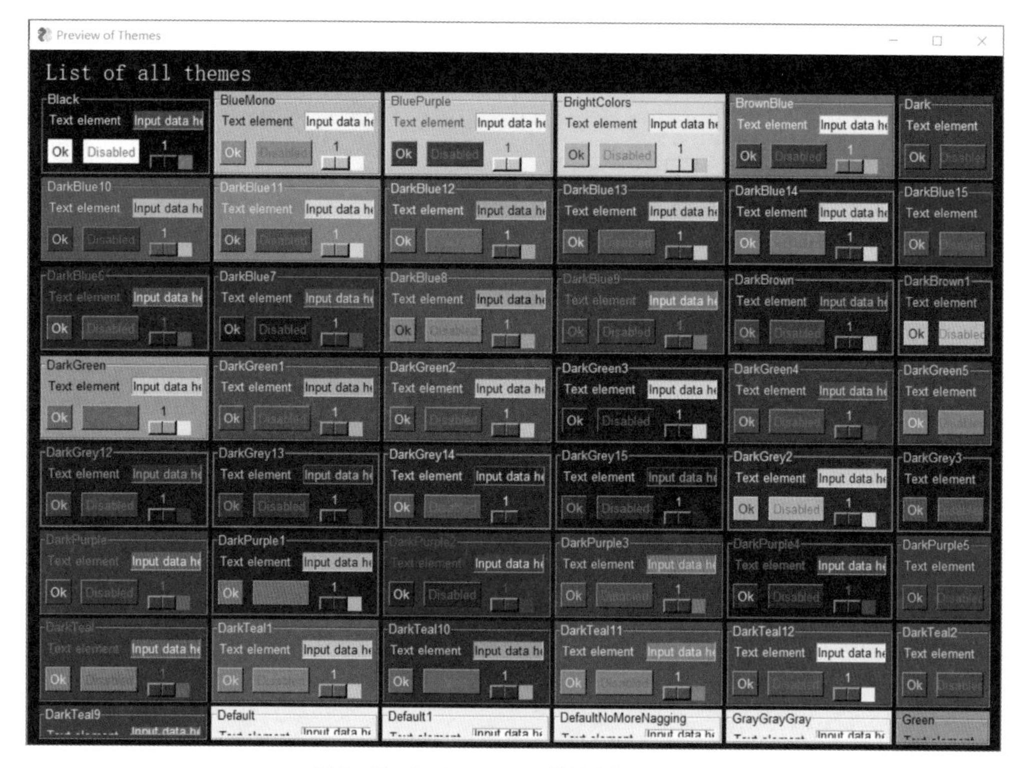

图5-17　PySimpleGUI模块中的风格预览

更多有关PySimpleGUI模块的用法可以参考其官网的使用教程。

5.3.1　跟我做：将Python代码变成可执行文件，提升使用体验

对于Python语言而言，单独的代码文件必须依赖于Python环境才能运行。如果想让开发好的工具在他人没有Pyhton环境的机器上运行，则需要将其编译成可执行文件（exe）才行。

本例将演示如何使用Nuitka工具将Python代码编译成可执行文件（exe）。

（1）安装模块

Nuitka是一款Python编译器，它可以将Python代码编译成纯机器码，从而实现Python程序的预编译功能。它可以支持Linux、FreeBSD、NetBSD、macOS X和Windows（32/64位）操作系统。

在工作时，Nuitka会将Python模块翻译成C级程序，然后使用libpython和自己的静态C文件，以CPython的方式执行。其安装命令如下：

```
pip install nuitka
```

待安装完成后，可以使用如下命令来获得其使用方法：

```
nuitka --help
```

（2）使用Nuitka

Nuitka的用法很简单，只需要一行命令即可将Python代码文件编译成可执行文件。具体如下：

```
nuitka --standalone myPySimpleGUI.py --enable-plugin=tk-inter
--windows-disable-console
```

上面命令中，使用了3个参数。

- standalone：该参数使得编译后的结果不是单独的一个可执行文件，而是整个文件夹。将生成的文件夹整个复制，才能在其他环境上运行。如果想要生成一个单一的可执行文件，可以使用onefile参数。
- enable-plugin：需要加载的插件。因为PySimpleGUI模块是基于Tkinter开发的，所以这里要填入tk-inter。还可以通过plugin-list参数查看Nuitka所支持的更多插件。
- windows-disable-console：隐藏控制台窗口，这样生成的可执行文件就只有窗口程序，不会出现命令行界面。

该命令执行后的运行结果如图5-18所示。

```
(py311) D:\project\python book\5-3dabao\teset>nuitka --standalone myPySimpleGUI.py --enable-plugin=tk-inter --windows-di
sable-console
Nuitka-Options:INFO: Used command line options: --standalone myPySimpleGUI.py --enable-plugin=tk-inter --windows-disable
-console
Nuitka:INFO: Starting Python compilation with Nuitka '1.9.5' on Python '3.11' commercial grade 'not installed'.
Nuitka-Plugins:INFO: anti-bloat: Not including 'PIL.ImageQt' automatically in order to avoid bloat, but this may cause:
PIL will not be able to create Qt image objects.
Nuitka:INFO: Completed Python level compilation and optimization.
Nuitka:INFO: Generating source code for C backend compiler.
Nuitka:INFO: Running data composer tool for optimal constant value handling.
Nuitka:INFO: Running C compilation via Scons.
Nuitka-Scons:WARNING: Windows SDK must be installed in Visual Studio for it to be usable with Nuitka. Use the Visual
Nuitka-Scons:WARNING: Studio installer for adding it.
Nuitka will use gcc from MinGW64 of winlibs to compile on Windows.

Is it OK to download and put it in 'C:\Users\86158\AppData\Local\Nuitka\Nuitka\Cache\downloads\gcc\x86_64\13.2.0-16.0.6-
11.0.1-msvcrt-r1'.

Fully automatic, cached. Proceed and download? [Yes]/No : yes
Nuitka:INFO: Downloading 'https://github.com/brechtsanders/winlibs_mingw/releases/download/13.2.0-16.0.6-11.0.1-msvcrt-r
1/winlibs-x86_64-posix-seh-gcc-13.2.0-llvm-16.0.6-mingw-w64msvcrt-11.0.1-r1.zip'.
Nuitka:INFO: Extracting to 'C:\Users\86158\AppData\Local\Nuitka\Nuitka\Cache\downloads\gcc\x86_64\13.2.0-16.0.6-11.0.1-m
svcrt-r1\mingw64\bin\gcc.exe'
Nuitka-Scons:INFO: Backend C compiler: gcc (gcc 13.2.0).
Nuitka-Scons:INFO: Slow C compilation detected, used 360s so far, scalability problem.
Nuitka-Scons:INFO: Running '"C:\\Users\\86158\\AppData\\Local\\Nuitka\\Nuitka\\Cache\\downloads\\gcc\\x86_64\\13.2.0-16.
```

图5-18　Nuitka编译程序

当第一次运行Nuitka时，Nuitka会根据当前系统的配置，自动完善所需要的工具。在编译过程中，Nuitka一旦发现系统中缺少某个工具，会暂停编译，并提示用户是否要下载（如图5-18中标注部分），这时，需要输入“yes”，让系统自动下载并运行即可。待运行完成之后，会在当前目录下生成一个myPySimpleGUI.dist文件夹，所编译的可执行文件就在该文件夹中，如图5-19所示。

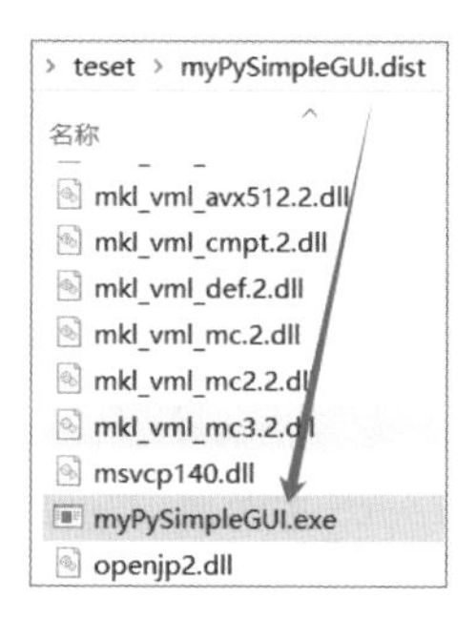

图5-19 Nuitka生成的可执行程序

5.3.2 跟我做：为Python程序添加管理员运行权限

由于Windows的安全机制，使用Python语言所编写程序，在运行时常会遇到因为权限不够导致运行失败的情况。所以需要在生成可执行文件之前，为Python代码进行优化，使其能够得到管理员的运行权限。

新建代码文件admin_SimpleGUI.py，并编写如下代码：

```
1  import ctypes, sys
2  import myPySimpleGUI as SimpleGUI
3
4  def is_admin():                                          # 判断是否获取管理员权限
5      try:
6          return ctypes.windll.shell32.IsUserAnAdmin()
7      except:
8          return False
9
10 if __name__ == '__main__':                               # 打包之后运行就不会错了
11
12     if is_admin():                                       # 如果已经获取管理员权限
13         SimpleGUI.makewindow()
14     else:                                                # 如果没有获取管理员权限
15         if sys.version_info[0] == 3:            # 确保当前系统的Python版本是3.0以上
16             ctypes.windll.shell32.ShellExecuteW(None, "runas", sys.executable,
17                                                 __file__, None, 1)
```

以上代码主要使用了ctypes模块来完成获取管理员权限。

在ctypes模块中，通过其子模块windll.shell32实现了对Windows 操作系统中动态链接库shell32.dll的调用。shell32.dll 是 Windows 操作系统的一个重要系统库，提供了大量与shell相关的API函数，可以用来完成任务栏、资源管理器等Windows组件的相关操作和交互。

代码第12行，判断当前是否有管理员权限，如果有则执行具体程序；否则就调用ShellExecuteW()函数以管理员权限重新运行该程序。

代码运行后，系统将会弹出“用户账户控制”对话框，询问“你要允许来自未知发布者的此应用对你的设备进行更改吗？”，如图5-20所示。回复“是”即可。

图5-20　用户账户控制对话框

本节的例子仅仅针对Windows下的可执行程序场景，它是为了生成的exe文件能够顺利执行。如果直接运行admin_SimpleGUI.py文件，有时会出现闪退现象。但这并不影响编译后的exe文件正常运行。

该代码可以作为一个通用的框架，适合在生成exe的场景下，为任意Python文件添加管理员权限。

5.3.3　跟我做：用AIGC设计LOGO，并打包exe程序

本节将使用AIGC设计logo，并且将该logo与5.3.2节代码一起打包到可执行程序里。具体做法如下：

（1）用AIGC设计LOGO

自从扩散模型问世之后，国内外涌现了许多基于AIGC的模型。其中，付费的有Midjourney，开源的有Stable Diffusion，免费在线使用的有deepai、images.ai等。本例将使用deepai的免费在线AIGC模型来设计LOGO。

来到deepai的官网（deepai.org），输入提示词，获取一张图片作为程序的LOGO。如图5-21所示，点击左侧“image”按钮之后，便可以看到右侧的页

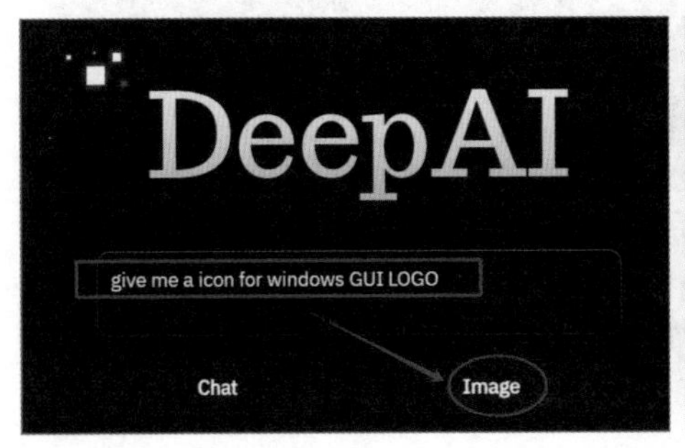

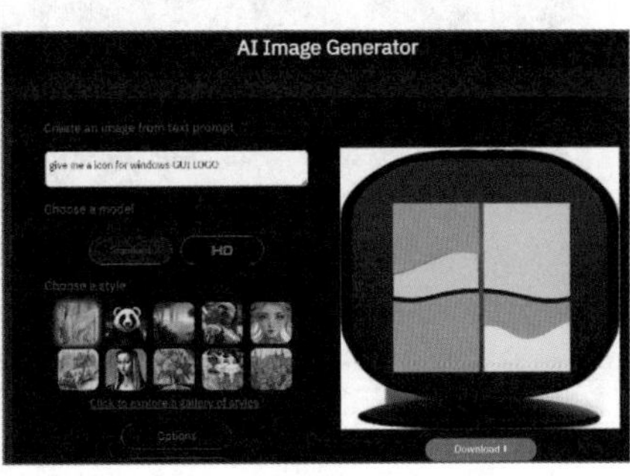

图5-21　获取LOGO

面，点击右侧图中的“Download”按钮即可将图片下载到本地，并将其名称改为icon.png。

（2）生成exe

将图片icon.png、代码文件admin_SimpleGUI.py与代码文件myPySimpleGUI.py放到相同文件夹下（例如作者本地的文件夹为：teset），使用如下命令进行编译：

```
nuitka --standalone admin_SimpleGUI.py --enable-plugin=tk-
inter --windows-disable-console --windows-icon-from-ico=icon.png
--follow-import-to=myPySimpleGUI
```

上面命令中，使用了如下参数。

- standalone：该参数使得编译后的结果不是单独的一个可执行文件，而是整个文件夹。将生成的文件夹整个复制，才能在其他环境上运行。如果想要生成一个单一的可执行文件，可以使用onefile参数。
- enable-plugin：需要加载的插件。因为PySimpleGUI模块是基于Tkinter开发的，所以这里要填入tk-inter。还可以通过plugin-list参数查看Nuitka所支持的更多插件。
- windows-disable-console：隐藏控制台窗口，这样生成的可执行文件就只有窗口程序，不会出现命令行界面。
- windows-icon-from-ico：指定程序图标（针对Windows系统）。
- follow-import-to：能够根据代码文件中的import语句找到所有引用的模块，一起编译这些模块。

命令运行后的界面如图5-22所示。

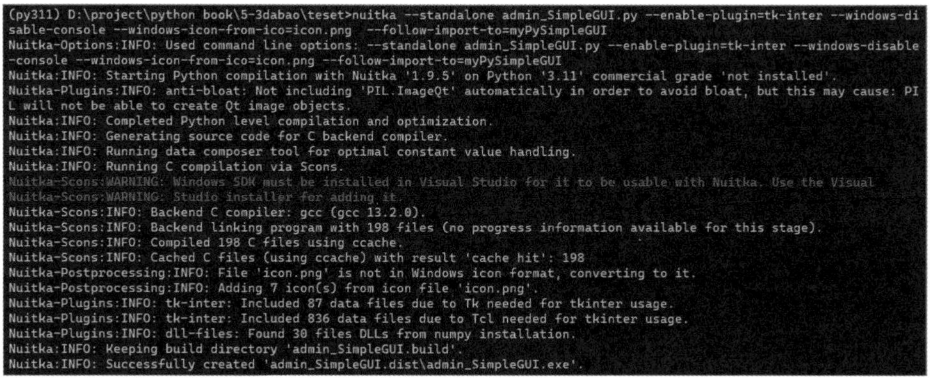

```
(py311) D:\project\python book\5-3dabao\teset>nuitka --standalone admin_SimpleGUI.py --enable-plugin=tk-inter --windows-di
sable-console --windows-icon-from-ico=icon.png  --follow-import-to=myPySimpleGUI
Nuitka-Options:INFO: Used command line options: --standalone admin_SimpleGUI.py --enable-plugin=tk-inter --windows-disable
-console --windows-icon-from-ico=icon.png --follow-import-to=myPySimpleGUI
Nuitka:INFO: Starting Python compilation with Nuitka '1.9.5' on Python '3.11' commercial grade 'not installed'.
Nuitka-Plugins:INFO: anti-bloat: Not including 'PIL.ImageQt' automatically in order to avoid bloat, but this may cause: PI
L will not be able to create Qt image objects.
Nuitka:INFO: Completed Python level compilation and optimization.
Nuitka:INFO: Generating source code for C backend compiler.
Nuitka:INFO: Running data composer tool for optimal constant value handling.
Nuitka:INFO: Running C compilation via Scons.
Nuitka-Scons:WARNING: Windows SDK must be installed in Visual Studio for it to be usable with Nuitka. Use the Visual
Nuitka-Scons:WARNING: Studio installer for adding it.
Nuitka-Scons:INFO: Backend C compiler: gcc (gcc 13.2.0).
Nuitka-Scons:INFO: Backend linking program with 198 files (no progress information available for this stage).
Nuitka-Scons:INFO: Compiled 198 C files using ccache.
Nuitka-Scons:INFO: Cached C files (using ccache) with result 'cache hit': 198
Nuitka-Postprocessing:INFO: File 'icon.png' is not in Windows icon format, converting to it.
Nuitka-Postprocessing:INFO: Adding 7 icon(s) from icon file 'icon.png'.
Nuitka-Plugins:INFO: tk-inter: Included 87 data files due to Tk needed for tkinter usage.
Nuitka-Plugins:INFO: tk-inter: Included 836 data files due to Tcl needed for tkinter usage.
Nuitka-Plugins:INFO: dll-files: Found 30 files DLLs from numpy installation.
Nuitka:INFO: Keeping build directory 'admin_SimpleGUI.build'.
Nuitka:INFO: Successfully created 'admin_SimpleGUI.dist\admin_SimpleGUI.exe'.
```

图5-22 Nuitka编译程序

根据图5-22中最后一行的路径找到admin_SimpleGUI.exe文件，鼠标右击，选择“以管理员身份运行”即可启动，如图5-23所示。

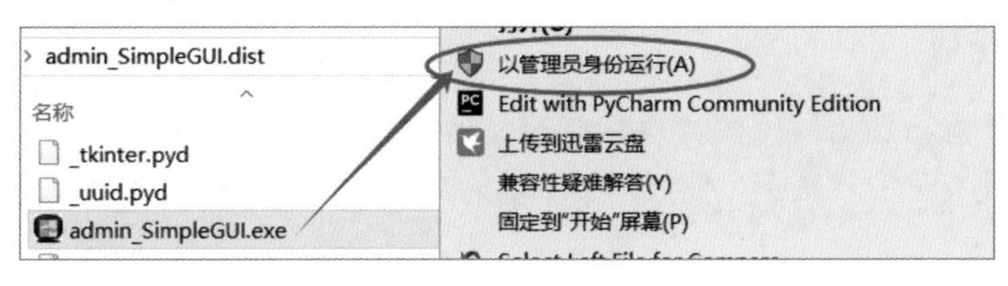

图5-23 以管理员身份运行

5.3.4 跟我学：用Cython提升Python代码的运行速度

5.3.1节使用的Python编译器Nuitka，本质上是调用了CPython来编译Python程序。本节介绍Python代码的底层编译工具CPython。

Cython是一个可以将Python代码编译成二进制文件的工具。Cython会把Python代码编译成pyd文件。pyd文件是二进制格式，比普通的Python程序运行速度快1倍左右。Pdy文件与系统中的动态链接库（dll或so文件）类似，只能通过反汇编的方式才能查看代码，在某种层面上也起到了保护源码的作用。下面就通过实例介绍Cython的使用。

（1）编写代码对超大序列数字求和

在使用Cython之前，先准备好一段代码实现对超大序列数字求和，并统计其计算时间。定义代码文件”pyd_test.py”，并编写代码如下：

```
import time
def sum_time():
    start_time = time.time()                    #获取当前时间
    sum_int = 0
    for i in range(4*10 ** 8):                  #对超大序列数字求和
      sum_int += i
    print(sum_int)                              #输出求和结果
    print(f'cost_time:{time.time() - start_time}')
                                                #计算执行时间
if __name__ == "__main__":
    sum_time()                                  #调用函数
```

代码运行后，输出结果如下：

```
79999999800000000
cost_time:22.298393964767456
```

输出信息中的第1行是求和结果，第2行是运行时间。可以看到系统运行了22秒左右。

（2）将Python代码编译成pyd文件

在命令行中，输入如下命令，实现Cython工具的安装：

```
pip install Cython
```

在安装好Cython工具之后，定义编译文件”setup.py”，并编写代码如下：

```
from distutils.core import setup
from Cython.Build import cythonize
setup(name='pyd_test', ext_modules=cythonize("pyd_test.py"), )
```

代码中主要使用了setup()函数来实现对Python文件“pyd_test.py”的编译。

待“setup.py”准备好后，在命令行里执行如下命令即可实现对“pyd_test.py”的编译：

```
python setup.py build_ext --inplace
```

该命令运行后，会在本地目录中生成一个“pyd_test.cp39-win_amd64.pyd”文件，该文件就是编译好的pyd文件，如图5-24所示。

图5-24　pyd文件目录

（3）调用pyd文件，并查看运行时间

在“pyd_test.cp39-win_amd64.pyd”文件的同级目录下，创建文件“use_pyd”，并编写代码调用该pyd文件中的sum_time()函数。具体代码如下：

```
import pyd_test                  #引入pyd模块
pyd_test.sum_time()              #调用pyd模块中的sum_time()函数
```

代码运行后，输出结果如下：

```
7999999800000000
cost_time:11.316004753112793
```

从输出信息中可以看到，运行pyd文件所花费的时间为11秒，仅为运行Python程序所花费时间(22秒)的一半。

5.4 跟我做：借助ChatGPT完成基于Python的安卓应用

本节将演示如何在没有任何安卓开发基础的情况下，通过与ChatGPT的交互，实现用Python语言开发一个安卓应用的例子。希望通过该例子让读者更好地利用智能化工具进行软件开发。

（1）框架选择

因为Python语言需要在合适的框架下才能开发出安卓程序，所以第一步就是选择合适的框架。通过向ChatGPT提问，可以看到备选的框架有Kivy、BeeWare、SL4A等，如图5-25所示。

有了ChatGPT这一个智能机器人，我们还可以了解相关框架的更多信息，并从中选择自己喜欢的框架进行开发。本例选择了BeeWare框架进行举例。

（2）开发环境的搭建

由于ChatGPT对于新消息的滞后性，在搭建开发环境时，尽量以官网的最新信息为主比较好。通过搜索引擎可以很容易找到BeeWare官网，以及官网上对应的文档，如图5-26所示。

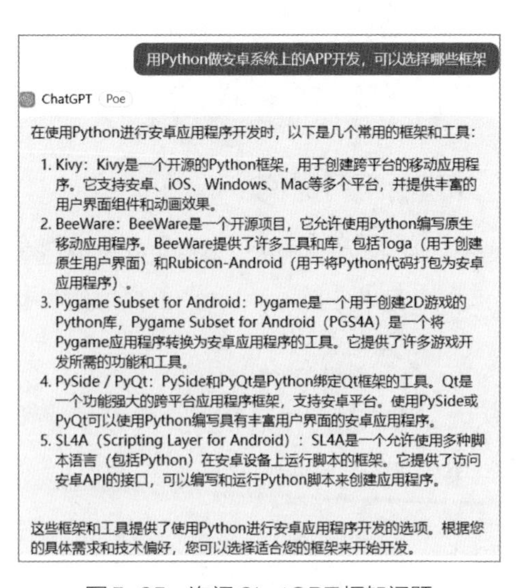

图5-25　询问ChatGPT框架问题

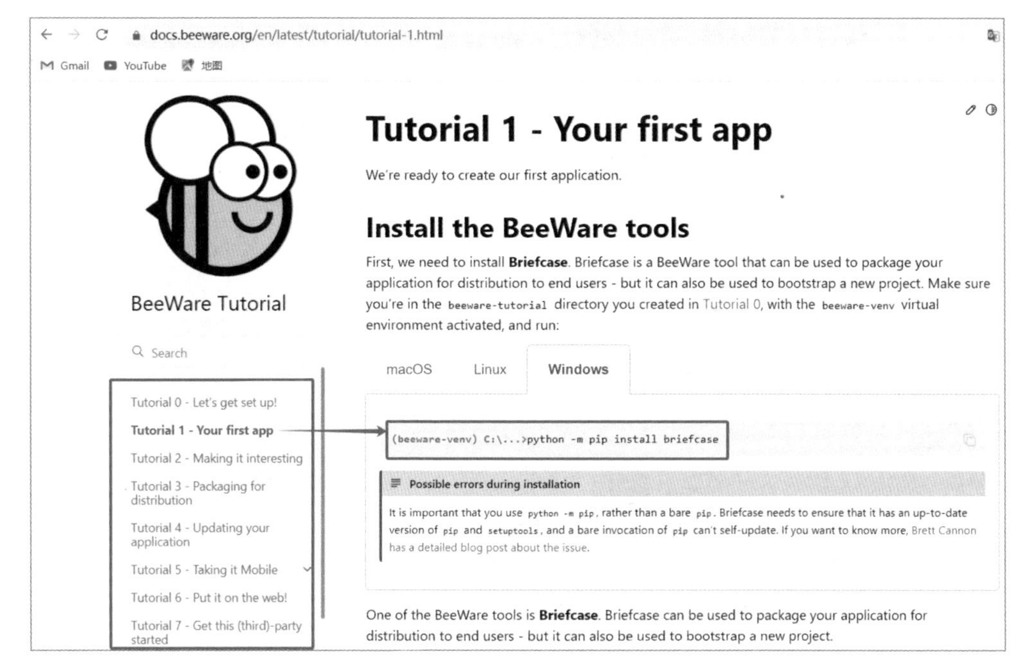

图5-26　BeeWare官网教程

从图5-26中可以看到，BeeWare的官网中给出了详细的教程，并且在“教程1”中还说明了BeeWare环境的安装方式，具体如下：

```
pip install briefcase
```

（3）快速上手BeeWare开发

通过ChatGPT的交互，可以快速上手BeeWare的开发，如图5-27所示。

将ChatGPT的回答与BeeWare官网中的例子结合，可以帮助用户更好地了解BeeWare的开发过程。具体步骤如下。

① 创建一个应用，使用如下命令：

```
briefcase new
```

该命令执行后，系统会询问应用名称、所要加载的模块等一系列问题。接着便会生成与该应用相关的工程文件，如图5-28所示（以应用名为helloword为例）。

② 编写代码。在没有接触过BeeWare框架的情况下，可以让ChatGPT开发一个简单的安卓应用。如图5-29所示。

将图5-29中的代码替换到图5-28中的app.py文件中，即可完成最简单的安卓应用。

③ 在windows下运行调试，使用如下命令：

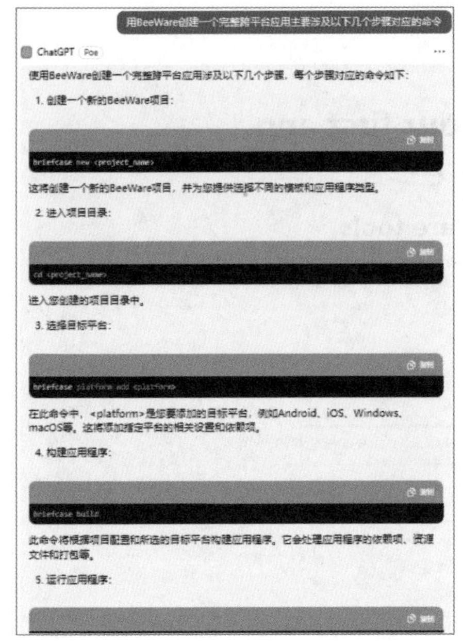

图5-27　ChatGPT提供上手BeeWare指南

图5-28　Helloword 应用文件

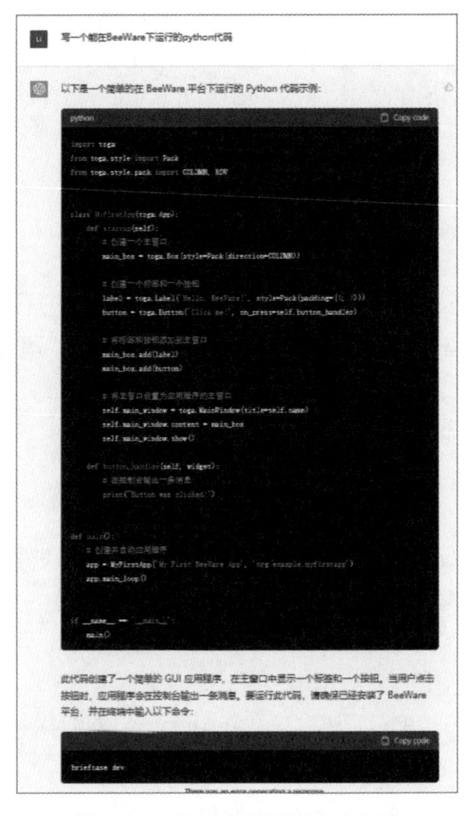

图5-29　ChatGPT开发安卓应用

```
briefcase dev
```

(4) 发布BeeWare程序

如果想把代码打包成apk，可以使用如下命令：

① 创建安卓应用：

```
briefcase create android
```

② 编译：

```
briefcase build android
```

该命令运行之后，根据命令行中显示所生成apk的位置，找到该程序，将其放到手机里安装即可。

(5) 模拟器运行BeeWare程序

如果想使用模拟器运行，则需要安装android studio软件包。该软件包可以通过android studio的官网进行下载。

在安装的最后，选择自定义安装，剩下全默认，这样就可以安装Intel HAXM驱动程序。

安装好android studio软件包之后，便可以使用如下命令，运行带有模拟器的程序了：

```
briefcase run android
```

5.4.1　跟我做：用ChatGPT开发手机拨测App

在了解BeeWare的开发步骤之后，下面就来做一个真实的应用——手机拨测App。手机拨测App可用于测试手机端网络代理的质量。具体来说：用户在切换网络代理时，该程序能够帮用户自动访问目的网站，并显示速度。如图5-30所示。

(1) 借力ChatGPT完善代码片段

在图5-30基础上，继续向ChatGPT提问，来完善手机拨测App所涉及的所有功能，例如：让它实现一个测速的功能的代码 [图5-31 (a)]，实现一个含有列表控件功能的代码 [图5-31 (b)] 等。

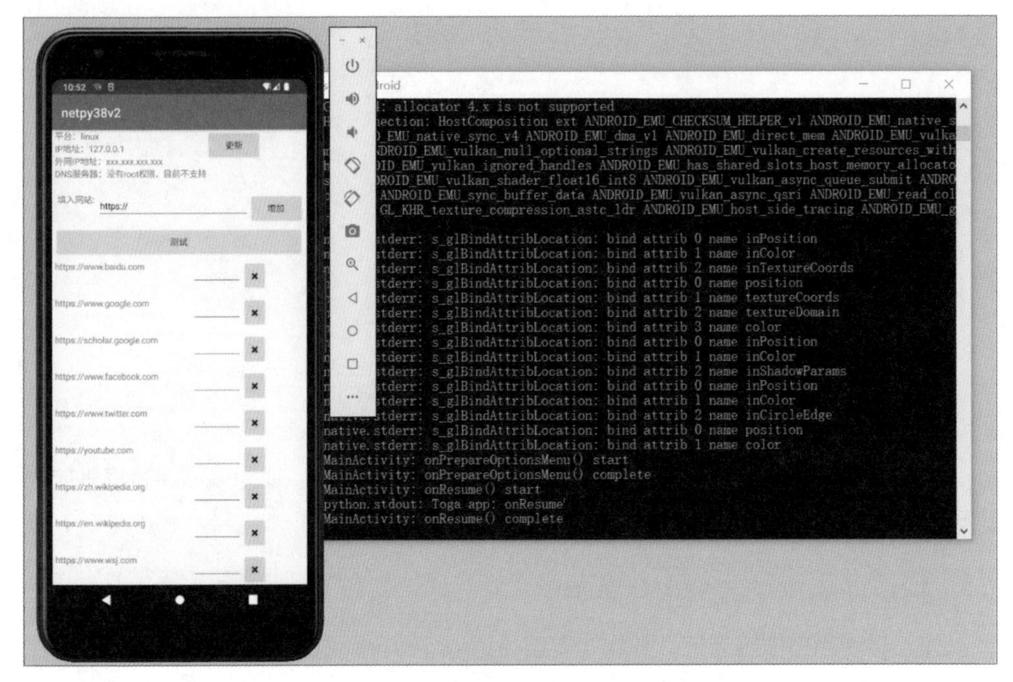

图5-30　测试网络代理质量的程序

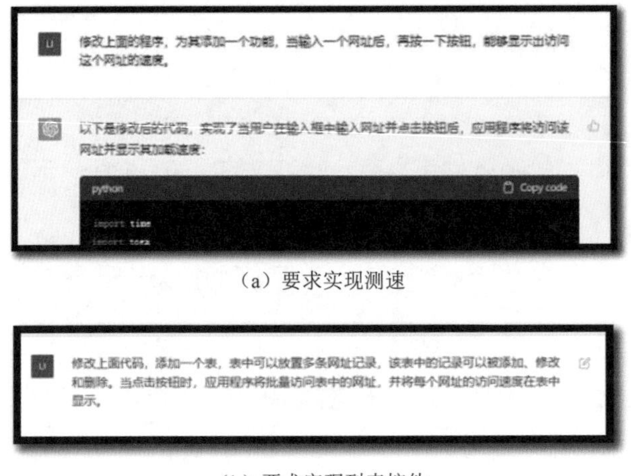

（a）要求实现测速

（b）要求实现列表控件

图5-31　向ChatGPT提问

由于交互内容过多，这里不再详细举例，读者可以自行尝试。

（2）搭建代码框架

在了解核心知识点后，便可以编写代码实现一个完整的应用了。通过briefcase new命令创建一个名字为“netpy38v2”的应用。接着对该应用工程文件里的app.

py进行修改即可。

在app.py里共有3部分内容：引用头文件部分、netpy38v2类部分、main函数部分。具体如下：

```
1  import toga
2  from toga.style import Pack
3  from toga.style.pack import COLUMN, ROW
4  import socket
5  import time
6  import aiohttp
7  import asyncio
8
9  class netpy38v2(toga.App):
10     def startup(self):                                    # 初始化全局控件
11         ...
12     def add_item(self, widget):                           # 添加数据
13         ...
14     def delete_selected_item(self, button):               # 删除数据
15         ...
16     def test_item(self, widget):                          # 开始拨测
17         ...
18     async def get_web(self, b):                           # 拨测一条网址
19         ...
20     async def update_item(self, button):                  # 更新数据
21         ...
22
23 def main():
24     return netpy38v2()
```

代码第6行，引入了异步网络请求模块aiohttp，该模块不属于BeeWare的内置模块，需要手动添加到其工程文件夹中的pyproject.toml配置文件中，如图5-32所示。

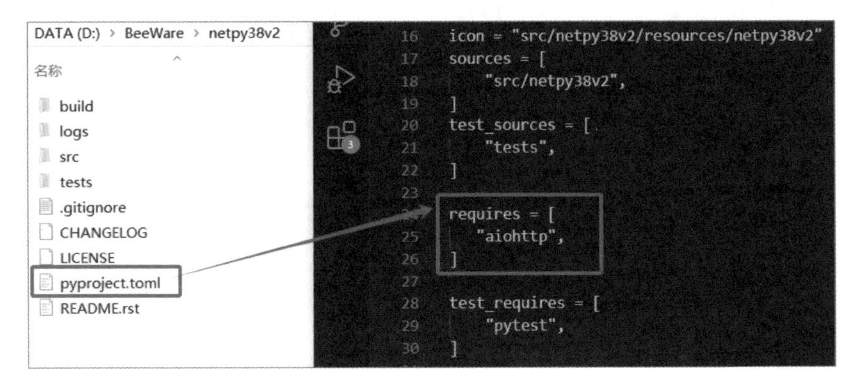

图5-32　添加aiohttp模块

（3）完成初始化全局控件函数startup()

函数startup()是BeeWare框架中toga.App类的默认成员函数，该函数主要用于

初始化全局控件。在本例中，需要在主窗口添加的控件有按钮、列表、滚动条、文本框、输入框。这些控件的添加方法都可以通过ChatGPT快速了解，具体代码如下：

```
1  def startup(self):
2      self.main_box = toga.Box(style=Pack(direction=COLUMN))   # 定义主容器
3  
4      ip_address = socket.gethostbyname(socket.gethostname())  # 获取本机的IP地址
5      ip_str = f"IP地址：{ip_address}\n"
6      webip_str = f"外网IP地址：xxx.xxx.xxx.xxx\n"
7      plat_str = f"平台：{toga.platform.os.sys.platform}\n"     # 获取平台信息
8      self.info = [plat_str,ip_str,webip_str]
9      network_label = toga.Label(''.join(self.info))           # 合并信息字符串
10 
11     up_button = toga.Button('更新', on_press=self.update_item)      # 定义按钮
12     self.info_box2 = toga.Box(children=[network_label,up_button],  # 装载信息字符串和按钮
13                                    style=Pack(padding=(0, 6)) )
14 
15     self.name_label = toga.Label('填入网站：',  style=Pack(padding=(0, 5))  )# 定义文本标签
16 
17     self.name_input = toga.TextInput(style=Pack(flex=1))   # 定义输入框，使其宽度占满一整行
18     self.name_input.value = 'https://'
19     add_button = toga.Button('增加', on_press=self.add_item)        # 定义按钮
20     name_box = toga.Box(style=Pack(direction=ROW, padding=5),
21                         children=[self.name_label,self.name_input,add_button])
22     test_button = toga.Button('测试', on_press=self.test_item,      # 定义按钮
23                                         style=Pack(padding=(0, 6)))
24 
25     self.list_box = toga.Box(style=Pack(direction=COLUMN))          # 定义拨测列表
26     weblist = ['https://www.baidu.com', 'https://www.google.com',] # 设置拨测列表的数据
27     self.webdict={}
28     self.boxdict = {}
29     for ind,b in enumerate(weblist) :                              # 为每个列表项添加控件
30         web_box = toga.Box(style=Pack(direction=ROW, padding=5))
31         WEB_label = toga.Label( b,  style=Pack(width=220,padding=(0, 1)) )
32         WEB_input = toga.TextInput(readonly=True,  style=Pack(width=80,padding=(0, 0)) )
33         delete_button = toga.Button('X',id=str(ind), style=Pack(width=40,padding=(0, 1)),
34                                   on_press=self.delete_selected_item)
35         web_box.add(WEB_label)
36         web_box.add(WEB_input)
37         web_box.add(delete_button)
38         self.list_box.add(web_box)
39         self.webdict[b] = WEB_input
40         self.boxdict[delete_button.id] = web_box
41 
42     container = toga.ScrollContainer(content=self.list_box, horizontal=False) # 定义滚动条
43     # 把上面定义的文本和输入框添加到主容器里
44     self.main_box.add(self.info_box2)
45     self.main_box.add(name_box)
46     self.main_box.add(test_button)
47     self.main_box.add(container)
48 
49     self.main_window = toga.MainWindow(title="手机拨测APP")
50     self.main_window.content = self.main_box                      # 设置主窗口的内容为主容器
51     self.main_window.show()                                       # 显示主窗口
```

代码第11、19、22、33行都使用toga.Button()函数完成按钮控件的添加，该函数中的on_press参数用于接收按钮点击后的响应函数。

（4）完成按钮点击后的响应函数

在本地代码中，一共有4个按钮响应函数：添加数据函数add_item()、删除数

据函数delete_selected_item()、批量测试函数test_item()、更新本地信息函数update_item()。其中，批量测试函数test_item()会调用get_web()函数对每条数据进行测试。具体代码如下：

```
1  def add_item(self, widget):                                    # 添加数据
2      if self.name_input.value in self.webdict:
3          self.main_window.error_dialog('错误', '该网址已经添加')
4          return
5      nameinput = self.name_input.value                        # 获取输入文本框内容
6      self.name_input.value = 'https://'                       # 还原输入文本框内容
7      # 统计拨测数据个数
8      maxnum = 1 if len(self.boxdict)==0 else max([int(key) for key in self.boxdict.keys()])
9      # 为拨测数据添加控件
10     web_box = toga.Box(style=Pack(direction=ROW, padding=5))
11     WEB_label = toga.Label( nameinput,  style=Pack(width=220,padding=(0, 1)) )
12     WEB_input = toga.TextInput(readonly=True,  style=Pack(width=80,padding=(0, 1)) )
13     delete_button = toga.Button('X',id=maxnum+1,style=Pack(width=40,padding=(0, 1)),
14                                                    on_press=self.delete_selected_item)
15     web_box.add(WEB_label)
16     web_box.add(WEB_input)
17     web_box.add(delete_button)
18     self.list_box.add(web_box)
19     self.boxdict[delete_button.id] = web_box
20     self.webdict[nameinput] = WEB_input
21     self.list_box.refresh()                                  # 刷新列表控件
22 def delete_selected_item(self, button):                      # 删除数据
23     web_box = self.boxdict[button.id]
24     label = web_box.children[0]
25     del self.boxdict[button.id]
26     del self.webdict[label.text]
27     self.list_box.remove(web_box)
28     self.list_box.refresh()
29 def test_item(self, widget):                                 # 开始拨测
30     for b in self.webdict:
31         self.webdict[b].value = "开始测试...."
32         asyncio.ensure_future(self.get_web(b))
33 async def get_web(self, b):                                  # 拨测一条网址
34     async with aiohttp.ClientSession() as session:
35         try:
36             start = time.perf_counter()
37             async with session.get(b,timeout=5) as response:
38                 dictip = await response.text()       # 获取对端ip
39             end = time.perf_counter()                # 记录访问时长
40             self.webdict[b].value =f"{round(end - start,4)}秒"
41         except Exception as e:
42             self.webdict[b].value ="访问错误"
43 async def update_item(self, button):                         # 更新数据
44     async with aiohttp.ClientSession() as session:  # 获取本机外网IP
45         try:
46             async with session.get('http://httpbin.org/ip') as response:
47                 dictip = eval(await response.text())
48                 webip = dictip['origin']
49         except Exception as e:
50             webip = "未识别"
51     self.info[2] = f"外网IP地址：{webip}\n"
52     network_label = self.info_box2.children[0]
53     self.info_box2.remove(network_label)
54     network_label = toga.Label(''.join(self.info))
55     self.info_box2.insert(0,network_label)
56     self.info_box2.refresh()                                 # 刷新控件内容
```

代码第33、43行在定义函数时，使用了async关键字。async关键字用于定义一个异步函数。异步函数是一种特殊类型的函数，它可以暂停执行并在等待某些操作完成时返回控制权，而无须阻塞整个程序的执行。

因为波测网址是一个耗时间较长的操作，所以使用异步函数不会导致App在点击按钮后出现卡死的情况。

代码第29行所定义的test_item()函数是一个普通函数，但其中调用了异步函数get_web()。为了能够在普通函数中调用异步函数，需要使用函数asyncio.ensure_future()来将异步函数get_web()转换为一个异步任务。

代码第34行异步函数get_web()使用async with关键字创建了aiohttp.ClientSession()，并使用session.get()发送异步的HTTP GET请求。然后，使用await response.text()来等待响应的文本内容。

（5）运行程序

来到代码所在的文件夹下（以D:\BeeWare\netpy38v2为例），输入如下命令创建安卓应用：

```
briefcase create android
```

接着，输入如下命令完成代码编译：

```
briefcase build android
```

待编译完成后，即可在build文件夹的多级子文件夹下（D:\BeeWare\netpy38v2\build\netpy38v2\android\gradle\app\build\outputs\apk\debug）找到apk文件，如图5-33所示。

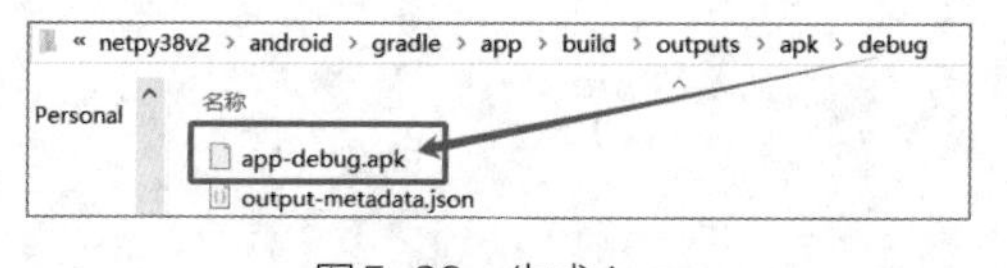

图5-33　生成App

将图5-33中的app-debug.apk文件传入手机，即可运行。

5.4.2　跟我学：了解Python中异步函数的使用

异步函数是一种特殊类型的函数，用于执行异步操作并允许在等待操作完成时暂停函数的执行。以下是对异步函数具体用法的详细介绍。

（1）async关键字

async关键字用于定义异步函数。通过在函数定义前添加async关键字，将普通函数转换为异步函数。异步函数可以包含await表达式，以便在等待异步操作完成时暂停函数的执行。例如：

```
async def my_async_function():
  # 异步函数体
  result = await some_async_operation()
  # 继续执行其他操作
```

（2）await关键字

await关键字用于等待一个异步操作的完成，它只能在异步函数内部使用。当遇到await表达式时，函数会暂停执行，并等待表达式的结果。同时，事件循环可以继续执行其他任务。例如：

```
async def my_async_function():
  result = await some_async_operation()
  # 在等待异步操作完成后继续执行
```

（3）asyncio.ensure_future()函数

asyncio.ensure_future()函数将一个可等待对象（如异步函数调用）转换为一个Future对象，并将其添加到事件循环中。它用于创建异步任务，以便在事件循环中并发执行。例如：

```
import asyncio
async def my_async_function():
  # 异步函数体
async def main():
  task = asyncio.ensure_future(my_async_function())
  # 将异步函数调用转换为异步任务
  # 其他操作...
asyncio.run(main())
```

在上述示例中，使用asyncio.ensure_future()函数将异步函数my_async_function()转换为一个异步任务，并在main()函数中并发执行。

（4）asyncio.gather()函数

asyncio.gather()函数用于并发执行多个异步任务，并等待它们全部完成。它接受多个可等待对象（如异步函数调用或Future对象）作为参数，并返回一个包含所有结果的列表。例如：

```
import asyncio
async def task1():
  # 异步任务1
async def task2():
  # 异步任务2
async def main():
  results = await asyncio.gather(task1(), task2())
  # 并发执行task1和task2，并等待它们的结果
asyncio.run(main())
```

在上述示例中，asyncio.gather()函数用于并发执行task1()和task2()这两个异步任务，并等待它们的结果。

（5）asyncio.sleep()函数

asyncio.sleep()函数用于在异步函数中暂停一段时间。它接收一个浮点数参数，表示暂停的秒数。例如：

```
import asyncio
async def my_async_function():
  # 执行一些操作
  await asyncio.sleep(1)    #暂停1秒
  # 继续执行其他操作
```

在上述示例中，使用asyncio.sleep(1)函数暂停异步函数的执行1秒。

5.5　跟我做：用向量数据库检索本地文件

本节实例将介绍如何使用向量数据库把本地文本文件中的内容编码到向量空间，然后基于文件内容向量进行近邻搜索。这在许多应用场景中非常有用，例如知识图谱构建、问答系统等。

（1）安装模块

本节实例需要用到以下几个关键模块：

- LangChain: LangChain 是一个大语言模型（LLM）协调框架，内置了一些用于拆分及加载文档内容的工具。
- Chroma: 一个开源的文本向量数据库，用于构建和查询向量空间。
- sentence-transformers: 提供了许多预训练语言模型用于计算文本表示。

- huggingface_hub：从 HuggingFace的模型仓库（model hub）里下载预训练模型。

安装命令如下：

```
pip install langchain
pip install chromadb
pip install sentence-transformers
pip install huggingface_hub
```

（2）下载模块

在编写代码之前，需要下载一个embedding模型，它的作用是将文本向量化。向量化后的文本可以方便向量数据库进行检索。

本例使用的是M3E模型，该模型使用千万级 (2200w+) 的中文句对数据集进行训练，在文本分类和文本检索的任务上超越了openai-ada-002 模型（ChatGPT官方的模型）。M3E 模型可以有多种方式进行下载。

① 手动下载。在HuggingFace网站上，搜索m3e-base（图5-34），并进行下载。

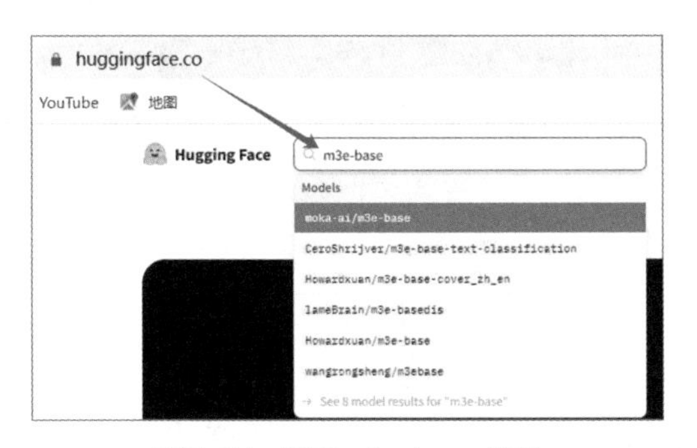

图5-34 搜索m3e-base模型

② 使用huggingface_hub直接下载：

```
huggingface_hub download moka-ai/m3e-base
```

③ 使用HuggingFace加速器进行下载。在网络资源不通畅的情况下，还可以使用HuggingFace加速器进行下载。具体做法是：登录GitHub网站，找到HuggingFace-Download-Accelerator项目，并按照该项目所介绍的使用方法操作即可，这里不再详述。

（3）编写代码

本实例是通过向量数据库完成的。在操作时，先会对文本进行拆分，然后将所拆分的每一块文本转成向量存放到数据库里。这样在检索内容时，会先把问题转成向量，然后就可以根据问题向量在向量数据库里进行检索，从而快速查找对应的文本切片了。编写代码文件5-5vectorstore.py，具体如下：

```
1  from langchain.vectorstores import Chroma
2  from langchain.document_loaders import TextLoader
3  from langchain.text_splitter import CharacterTextSplitter
4  from langchain_community.embeddings import HuggingFaceEmbeddings
5  import os
6
7  def file_to_document(file_name) -> list:
8      loader = TextLoader(file_name,"UTF-8")               # 加载MD文件
9      pages = loader.load_and_split()
10     text_splitter = CharacterTextSplitter( separator = "\n## ",# 拆分文件
11         chunk_size = 500,                                # 设置所拆分的每块内容大小
12         chunk_overlap = 0  )                             # 设置块与块之间的重叠度
13
14     split_docs = text_splitter.split_documents(pages)  # 切割加载的文档
15     return split_docs
16
17 #将文本拆分，然后再向量化，最后存储到向量数据库
18 def build_vector_store(document_file: str, vector_store_path: str, embedding):
19     try:
20         os.makedirs(vector_store_path,exist_ok=True)
21         split_docs = file_to_document(document_file)
22         print("开始embedding")
23         vectordb = Chroma.from_documents(split_docs, embedding=embeddings,
24                                          persist_directory=vector_store_path)
25         vectordb.persist()
26         return vectordb
27     except Exception as e:
28         print(e)
29         return None
30 def load_vector_store(vector_store_path: str, embedding):            #本地读取
31     try:
32         vectordb = Chroma(persist_directory=vector_store_path,
33                                         embedding_function=embeddings)
34         return vectordb
35     except Exception as e:
36         print(e)
37         return None
38
39 #实例化向量化模型
40 embeddings = HuggingFaceEmbeddings(model_name='./m3e-base', # 已下载好的模型路径
41                             model_kwargs={'device': 'cpu'}, # 使用CPU加载
42                             encode_kwargs={'normalize_embeddings': False}   )
43
44 document_file = r"./test.md"          #设置本地待检索的文档
45 vector_store_path = r'./Chromadb'     #设置向量数据库的存储位置
46
47 #本地或新建向量数据库Chroma
48 vectordb = load_vector_store(vector_store_path, embeddings) if os.path.exists(
49     vector_store_path)  else build_vector_store(document_file,
50                                          vector_store_path,  embeddings)
51 #根据问题进行本地向量搜索
52 result_list=vectordb.search("如何设置网卡? ",'similarity')       # 默认返回4条内容
53 print(result_list[0])                                            # 输出第一条
```

代码第7~15行实现函数file_to_document(),负责加载并切割文档。

代码第18~29行实现函数build_vector_store (),负责将文档拆分，然后再向量化，最后存入向量数据库。当程序第一次运行时，会调用该函数。

代码第30~37行实现函数load_vector_store (),负责载入已有的向量数据库。在程序二次启动后，会调用该函数。

代码第39~42行，对向量化模型进行实例化，得到变量embeddings。

代码第44行指定了程序所要处理的目标文件。当程序执行时，系统会从本地加载“test.md”文件进行处理。

代码第52行指定了要对文档进行检索的问题，在实际使用中，读者可以根据文档内容任意指定问题。该检索结果默认是4条。如果想要返回指定条数，可以使用替换成如下代码:

```
vectordb.similarity_search ("网卡设置", k=4)
```

(4)运行代码对word文件进行检索

由于代码中所能处理的文件是md格式，但现实场景中，大多数以word、pdf等格式为主，所以在使用前需要进行转换。这里以word文档为例：本例使用一份“Panabit智能应用网关用户手册.docx”作为目标文件(读者可以拿手头的任意文档进行测试)。将其转成md格式的具体操作如下:

```
pip install  pandoc
pandoc -s Panabit智能应用网关用户手册.docx -t gfm --extract-media=
media -o test.md
```

该命令会调用pandoc模块去处理Panabit智能应用网关用户手册.docx文档，并将目标文档中的文字转成test.md文档，同时也将目标文档中的图片保存到media文件夹下。

将test.md文档与程序放到相同路径下，执行程序后，可以看到如图5-35所示的结果。

5.5.1　跟我学：掌握不同场景下的文本拆分方法

5.5节代码第10行使用了LangChain模块里的CharacterText Splitter()函数，对文档进行拆分。在LangChain模块里，还提供了更多功能更强大的文本分割器，这些文本分割器可以帮助用户面对各种场景。具体如下。

- MarkdownHeaderTextSplitter 是一种针对Markdown文本的分割器。它可以根据指定的标题进行分割，将Markdown文本拆分为以标题作为分

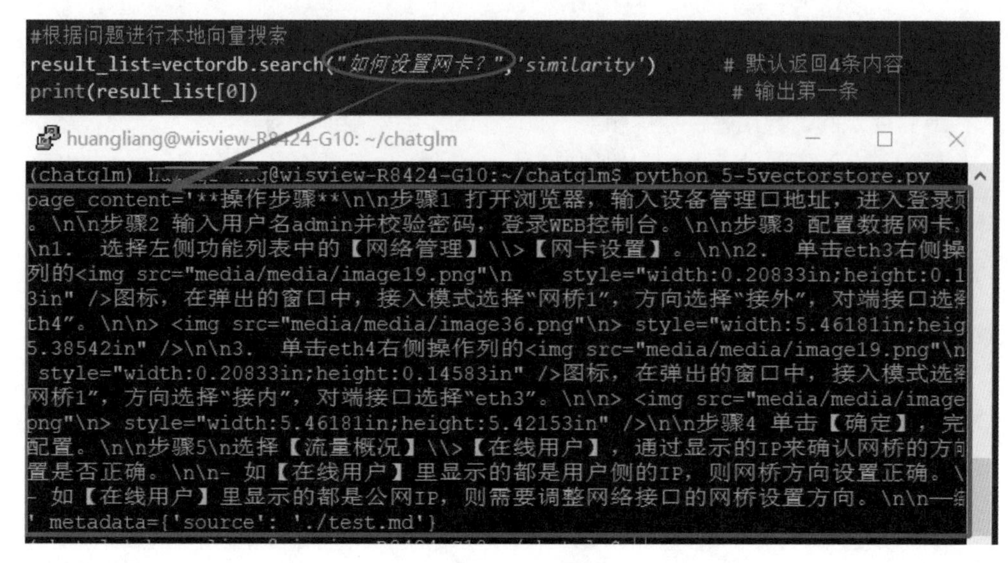

图5-35　运行结果

隔符的不同部分。通过指定标题的前缀和相应的名称，可以将Markdown文本按照特定的标题进行分组或拆分。例如，可以根据“# Foo”和“## Bar”这样的标题来拆分Markdown文本，并将相应的内容与元数据组合在一起。

- RecursiveCharacterTextSplitter 是一种递归字符分割器，用于将文本递归地拆分为较小的部分。它根据指定的分割大小和重叠大小将文本拆分为连续的字符块。该分割器会基于一个字符列表，这些字符作为文本中的分隔符或“分割点”使用（默认的字符列表是 [“\n\n”，“\n”，“ “，“”])。在工作时，系统会首先尝试在每个双换行符 ("\n\n") 处拆分文本，这通常用于分隔文本中的段落。如果生成的块过大，它接着尝试在每个换行符 ("\n") 处拆分，这通常用于分隔句子。如果块仍然过大，它最后尝试在每个空格 (" ") 处拆分，这用于分隔单词。如果块仍然过大，它会在每个字符 ("") 处拆分，直到生成的块达到可管理的大小为止。这种分割器适用于需要对文本进行更细粒度的拆分，例如将长文本拆分为较小的片段或分块进行处理和分析。它的优点是它尽量保留了语义上下文，通过保持段落、句子和单词的完整性。这些文本单元往往具有强烈的语义关系，其中的单词在意义上通常密切相关，这对于许多自然语言处理任务是有益的。
- CodeTextSplitter是一种基于代码文件的分割器，它是RecursiveCharacterTextSplitter的一个特例。该分割器基于特定语言的语法规则和约定进行拆分。例如，拆分含有Python代码的文件。
- HTMLHeaderTextSplitter 是一种针对HTML文本的分割器，用于根据

HTML标签中的标题元素进行分割。它可以根据指定的HTML标签和属性提取出标题文本，并将HTML文本拆分为以标题作为分隔符的不同部分。例如，可以根据 <h1> 和 <h2> 标签提取HTML文本中的标题，并将相应的内容与元数据组合在一起。

读者可以通过ChatGPT或LangChain的官方帮助网站（python.langchain.com）了解以上这些分割器的详细用法。

除了分割器的选择以外，分割器的参数设置也是决定文本拆分工作好坏的关键，常用的参数有如下几点。

① length_function：此参数确定如何计算块的长度。默认情况下，它简单地计算字符的数量，但也可以在此处传递一个标记计数函数，它将计算块中单词或其他标记的数量，而不是字符。

② chunk_size：此参数设置块的最大大小。大小根据length_function参数进行测量。

③ chunk_overlap：此参数设置块之间的最大重叠。重叠的块意味着文本的某些部分将包含在多个块中。例如，在某些情况下，这可以有助于在块之间保持上下文或连续性。

④ add_start_index：此参数是一个布尔标志，确定是否在元数据中包含每个块在原始文档中的起始位置。包含此信息可能有助于跟踪每个块在原始文档中的来源。

5.5.2　跟我做：让大语言模型通过查资料的方式来回答问题

将向量数据库检索到的内容和问题一起输入大语言模型（LLM）便可以让其根据指定文档回答问题了。这种利用可信数据为大语言模型（LLM）做支撑的方式，属于检索增强型生成技术（RAG）技术（在5.5.4小节还会详细介绍）。整个程序的实现流程如图5-36所示。

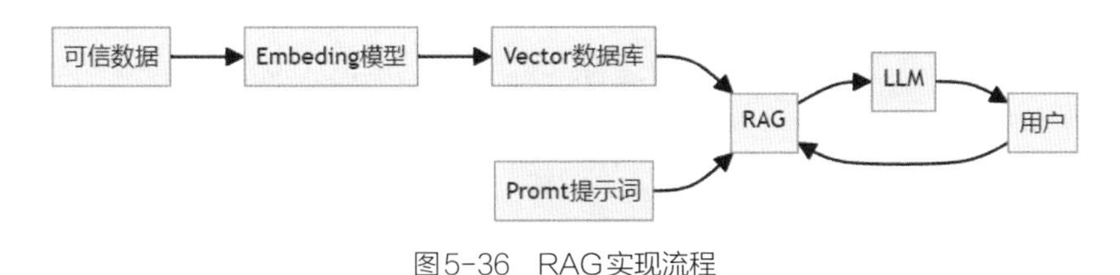

图5-36　RAG实现流程

（1）编写代码

本例将使用大语言模型chatGLM来进行演示，在5.5节的代码文件5-5vectorstore.py后面加入如下内容：

```
54  from transformers import AutoModel, AutoTokenizer
55  import torch
56
57  LLM_MODEL ='THUDM/chatglm-6b-int8'#下载模型，也可设置本地模型，如："./chatglm3-6b"
58  #加载LLM模型
59  model= AutoModel.from_pretrained(LLM_MODEL, device_map="auto",
60                                   trust_remote_code=True )
61  tokenizer = AutoTokenizer.from_pretrained(LLM_MODEL, trust_remote_code=True)
62
63  def generate_llm_prompts(question: str) -> str:
64      docs = vectordb.similarity_search(question,k=2)        #根据问题搜索两段内容
65      print(f"共检索到{len(docs)}条，第一条：{docs[0]}\n____________")
66      context = '\n'.join([doc.page_content for doc in docs])#拼接搜索内容
67      prompts = f"""已知信息： {context}
68      根据上述已知信息，简洁和专业的来回答用户的问题。
69      如果无法从中得到答案，请说 "根据已知信息无法回答该问题"，
70      不允许在答案中添加编造成分，答案请使用中文。 问题是：{question}"""  #拼接提示词
71      return  prompts
72
73  def chat_LLM(question: str) -> str:
74      prompts = generate_llm_prompts(question)
75      # print('提示词：',prompts)
76      resp, _ = model.chat(tokenizer, prompts, max_length=20000, temperature=1.0)
77      return resp
78
79  print("问题：如何设置网卡？")
80  print("____________")
81  print( "答案：",chat_LLM("如何设置网卡？" )  )
```

代码第54～61行实现了对大语言模型chatGLM的加载。代码第57行指定模型以网络下载的方式进行加载，这个过程较慢，如果事先能够将模型下载到本地（见本书3.5.4小节），则可以让系统从模型的本地路径进行加载。

代码第63行定义了函数generate_llm_prompts()，它的作用是将检索到的文本片段和问题组装到一起，作为一个提示词（prompts）输入到大语言模型来询问答案。

代码第73行定义了函数chat_LLM()，用于向大语言模型输入提示词，并获得答案。

（2）运行程序

运行代码文件5-5vectorstore.py 后，可以看到系统输出的结果，如图5-37所示。

图5-37中，第一个横线下面是向量数据库检索的结果；第二个横线下面是大语言模型输出的结果。可以看到，大语言模型的回答结果更加人性化一些。

```
(chatglm) g@wisview-R8424-G10:~/chatglm$ python 5-5vectorstore.py
Loading checkpoint shards: 100%|                                        | 7/7 [00:08<00:00,  1.26s/it]
问题：如何设置网卡？

共检索到2条，第一条：page_content='**操作步骤**\n\n步骤1 打开浏览器，输入设备管理口地址，进入登录页面。\n\n步骤2 输入用户名admin并校验密码，登录WEB控制台。\n\n步骤3 配置数据网卡。\n\n1.  选择左侧功能列表中的【网络管理】\\>【网卡设置】。\n\n2.  单击eth3右侧操作列的<img src="media/media/image19.png"\n     style="width:0.20833in;height:0.14583in" />图标，在弹出的窗口中，接入模式选择"网桥1"，方向选择"接外"，对端接口选择"eth4"。\n\n> <img src="media/media/image36.png"\n> style="width:5.46181in;height:5.38542in" />\n\n3.  单击eth4右侧操作列的<img src="media/media/image19.png"\n     style="width:0.20833in;height:0.14583in" />图标，在弹出的窗口中，接入模式选择"网桥1"，方向选择"接内"，对端接口选择"eth3"。\n\n> <img src="media/media/image37.png"\n> style="width:5.46181in;height:5.42153in" />\n\n步骤4 单击【确定】，完成配置。\n\n步骤5\n选择【流量概况】\\>【在线用户】，通过显示的IP来确认网桥的方向设置是否正确。\n\n- 如【在线用户】里显示的都是用户侧的IP，则网桥方向设置正确。\n\n- 如【在线用户】里显示的都是公网IP，则需要调整网络接口的网桥设置方向。\n\n—结束' metadata={'source': './test.md'}

答案：  设置网卡主要分为以下几个步骤：

1. 打开浏览器，输入设备管理口地址，进入登录页面。
2. 输入用户名admin并校验密码，登录WEB控制台。
3. 选择【网络管理】\>【网卡设置】。
4. 单击eth3右侧操作列的<img src="media/media/image19.png"
   style="width:0.20833in;height:0.14583in" />图标，在弹出的窗口中，接入模式选择"网桥1"，方向选择"接外"，对端接口选择"eth4"。
5. 单击eth4右侧操作列的<img src="media/media/image19.png"
   style="width:0.20833in;height:0.14583in" />图标，在弹出的窗口中，接入模式选择"网桥1"，方向选择"接内"，对端接口选择"eth3"。
6. 单击【确定】，完成配置。
7. 选择【流量概况】\>【在线用户】，通过显示的IP来确认网桥的方向设置是否正确。如【在线用户】里显示的都是用户侧的IP，则网桥方向设置正确。如【在线用户】里显示的都是公网IP，则需要调整网络接口的网桥设置方向。

以上步骤就是设置网卡的主要流程，具体操作还需要根据实际设备情况进行相应的调整。
```

图5-37 输出结果

（3）优化交互

代码第79 ~ 81行列举了一个问题，向大语言模型进行提问，并输出回答结果。这部分逻辑可以通过while循环，让用户不断地输入问题，实现更友好的人机交互。在代码文件5-5vectorstore.py中继续编写如下代码内容：

```
82  while True:
83          inputs = input("输入你的问题：")
84          response = chat_LLM(question=inputs)
85          torch.cuda.empty_cache()                        #清空显存
86          print(response)
```

该代码运行后，系统便可以等待用户输入，并根据动态的问题给出回答了。

5.5.3 跟我学：了解Python中的类型注解

在代码文件5-5vectorstore.py中第73行“def chat_LLM(question: str) -> str: ”中的参数“: str”和结尾处的“ -> str”是Python中的类型注解。具体含义解释如下：

在定义函数chat_LLM()时，参数“question: str”表示函数参数question的类型是str，即字符串类型。冒号“:”后跟的数据类型表示该参数的类型。

“-> str”表示该函数的返回值类型是str，也就是字符串类型。箭头符号“->”

后跟的就是返回值的类型。

所以代码文件5-5vectorstore.py中第73行的含义是：定义一个名为chat_LLM的函数。它有一个参数question，参数question的类型是str，即字符串。该函数的返回值类型是str，也就是字符串类型。

（1）类型注解概述

类型注解是Python语言中不强制要求的一种语法，它不影响函数的实际执行，仅用于描述函数的参数和返回值类型，旨在让调用者知道函数的预期类型。这么做是为了给函数增加类型信息和自文档。

另外，使用类型注解的方式编写代码之后，还可以利用类型检查工具或IDE来检测类型，提前发现类型错误。

（2）类型注解的具体语法

类型注解的语法具体描述如下：

- 使用冒号“:”后跟类型的方式，为参数或返回值的类型注解。
- 冒号“:”后的类型部分可以是Python中的任意类型，如int,float,str等。
- 冒号“:”后的类型部分还可以是关键字：Any（表示任意类型）和Union（表示指定几种类型）。
- 参数名+：Union[A, B]表示参数可以为A或B类型。
- 使用箭头符号“->”来为函数的返回值类型注解。

5.5.4　跟我学：了解智能时代的大模型应用——检索增强型生成技术

检索增强型生成技术（Retrieval Augmented Generation，RAG）是一种新型对话系统技术。

在RAG中，用户可以使用可靠可信的自定义数据文本，如产品文档，随后从向量数据库中检索相似结果。然后，将准确的文本答案作为“上下文”和“问题”一起插入到“Prompt”中，并将其输入到诸如OpenAI的ChatGPT之类的LLM中。最终，LLM 生成一个基于事实的聊天答案。

RAG技术同时利用生成模型和检索模型，将两者相结合来回答用户的问题。具体来说：

- 检索模型负责从知识库中检索与用户问题最相似的一些样本答案；
- 生成模型则负责对检索结果进行微调，生成一个完整而流畅的最终答案。

与传统基于生成模型的对话系统不同，RAG通过利用存储在知识库中的真实对话样本，可以生成更准确、更自然的响应。

检索过程可以提供上下文信息和知识支持，有效缓解生成模型单独使用时难以理解全局语境和知识缺乏的问题。生成模型微调检索结果可以修补检索答案的不足，得出最优解。

目前，主流RAG系统都采用Transformer结构的检索和生成模型。通过充分利用现有知识，RAG可以大幅改进对话质量，在知识回答和问答任务上表现优异。它已成为当前对话系统研究的前沿方向之一。

5.5.2小节中的实例就是一个典型的RAG案例。在实现RAG时涉及的各种技术考虑因素，包括分块(chunking)、查询增强(query augmentation)、层次结构(hierarchies)、多跳推理(multi-hop reasoning)和知识图谱(knowledge graphs)等概念。其中，针对每个环节的优化，都是提升 RAG 的成本效率和准确性的机会。RAG开辟了智能时代更加精密、资源高效的数据检索流程。未来会有更广泛的应用空间。

5.6　总结

通过这一章，我们学习了Python在多个人机交互场景下的应用：

- 首先，了解了条件判断、匿名函数等Python基础知识，并利用它们开发了个性化的前端应用。
- 其次，通过Flask框架实现了基于Web的大屏显示程序，掌握了面向对象程序设计的必要技能。
- 然后，学习了将Python代码打包成可执行文件、赋予管理员权限等知识，开始了桌面应用开发之旅。
- 此外，利用ChatGPT聊天机器人梳理思路开发了Android应用基本流程。
- 最后，利用语义向量索引本地文件，初步掌握了Python文本处理能力。

通过本章，我们掌握了Python在用户界面设计、Web服务开发、桌面应用打包、移动开发以及文本处理等多个人机交互领域中的典型案例。为读者日后利用Python开发各类交互系统奠定了坚实的基础。下一步，读者可以运用所学知识开发个人独立项目，不断锻炼和提升Python交互开发水平。

5.6.1　练一练：制作自己的RAG机器人

仿照5.5.2小节中的实例，对自己手上的电子笔记或帮助文档进行向量化，完成一个属于自己的RAG机器人，并通过尝试不同的文本拆分方法、向量化模型、大语言模型以及提示词，来优化交互质量，使得模型的回复更加高效精准。